VON
ASENHAIN

Impressum

Texte: geistiges Eigentum von Sabine Krämer
Fachlektorin und redaktionelle Bearbeitung: Karla Moser
Motivauswahl: Sabine Krämer, Karla Moser
Bildgenehmigung und Bildmaterial:
Coverfoto: florin-alin-beudean by unsplash
Seite 3, 131 Valerie Sherin
Seite 10 Michael.Carsten@coolphotos.de
Seite 13, 102 Dr. med. Claudia Moser
Seite 19 christine-mendoza by unsplash
Seite 29 Karla Moser
Seite 30 ursula-drake by unsplash
Seite 35 evelyn-paris by unsplash
Seite 49 yapo-zhou by unsplash
Seite 62 delfide-la-rua by unsplash
Seite 123 alberto-de-quevedo by unsplash
Sonstige Sabine Krämer

Herstellung: AnamCaraHaus von Asenhain Verlag
Umschlaggestaltung: Dr. Claudia Moser
Bildgestaltung inhaltlich, Satz und Layout:
Freyja Gräfin von Asenhain

ISBN: 978-3-946414-21-6 = Paperback
ISBN: 978-3-946414-20-9 = Hardcover
ISBN: 978-3-946414-22-3 = eBook
Ausgabe Dezember 2019

www.anamcara.haus
Uhlandstraße 90
73614 Schorndorf
Tel. +49 7181 65844
Mobil +49 152 28601912

Blutegel-Therapie bei Pferden

Sabine Krämer

VON
ASENHAIN

Inhaltsverzeichnis

Mein Motto:

**Lasst sie in Bewegung bleiben,
das ist ihr Leben ...**

Hinweis:

Sämtliche Angaben und Berichte der Blutegeltherapie erfolgten nach besten Kenntnissen und bestem Wissen. Sowohl Angaben und Berichte als auch die Anwendung der Blutegeltherapie erfolgt auf eigenes Risiko.

Die Autorin haftet nicht für die Therapie mit Blutegeln, weder bei den Anwendern noch bei den Tieren.

Die Verantwortung tragen die Anwender, nicht die Autorin.

Sollte diese Publikation Links auf Webseiten Dritter enthalten, so übernehmen wir für deren Inhalte keine Haftung, da wir uns diese nicht zu eigen machen, sondern lediglich auf deren Stand zum Zeitpunkt der Erstveröffentlichung verweisen.

Bad Münstereifel Dezember 2019

Danksagung

Ich möchte besonders meiner wundervolle Stute „Djeanne D'Arc" genannt „Josy" danken. Mit Ihr habe ich meine Heldinnenreise erlebt und sie brachte immer wieder neuen Wind und neuen Aufgaben in mein Leben.
Durch sie bin ich erst den Weg gegangen, den ich schon hätte viel früher gehen sollen, endlich den Schritt zu machen:

„Meinen Traum zu leben"

Es war nicht immer leicht. Sie schubste mich jedoch immer wieder in das nächste Abenteuer. Hierfür danke ich ihr von ganzem Herzen.
Danken möchte ich auch meinen Ausbilderinnen Frau Barbara Welter-Böller und Karla Moser.
Besonderen Dank gilt Suzy Godsey – eine wundervolle und begnadete Frau aus Amerika. Mit dem ersten Esse-Kurs (ESSE = Energetic Synthesis of Structural Embodiment) in Deutschland hat sie mir und „Josy" Tür und Tor geöffnet. Vielen Dank hierfür Suzy. Durch dich habe ich ansatzweise erkannt was es heißt zu kreieren und zu erkennen.
Diesen Weg werde ich auf jeden Fall weiter gehen.
Wie kann es noch besser werden?
Was ist sonst noch alles möglich?
Das Vorwort wird durch meine liebe Ausbilderin in der Blutegeltherapie, Karla Moser, verfasst.
Meine Liebe – ich danke dir für den „Schubs" in das Autorenleben – für die Idee zu diesem Buch und für die Unterstützung, die Du hier für mich bist.
Herzlichst

Eure ***Sabine***

Vorwort

Ich lernte Sabine auf einem meiner Blutegelseminare kennen. Da sie Osteopathin für Pferde ist, konnte sie durchaus an diesen Seminaren teilnehmen, um die Blutegeltherapie fachgerecht bei Pferden einsetzen zu können.

Durch meine Ermunterung brachte Sabine ihre Hündin Seda mit. Die ganze Zeit über blieb Seda ganz brav bei Sabine liegen. Die anderen Teilnehmer hatten nichts dagegen und wir freuten uns über den ungewöhnlichen Gast.

Sabine berichtete ganz stolz über ihren Erfolg mit den Blutegeln. Ich freute mich sehr, dass sie ihrer Hündin so gut damit helfen konnte. Arthrose ist ein Haupteinsatzgebiet für die Blutegeltherapie und sehr erfolgreich. Sabine hatte also gerade mit der richtigen Indikation ihre Laufbahn als Blutegeltherapeutin begonnen.

Während der zwei Tage Seminar konnte ich die Teilnehmer gut beobachten. Die Begeisterung fiel mir besonders bei Sabine auf. Dies nahm ich dann zum Anlass sie aufzumuntern, ein Buch über die Blutegeltherapie bei Pferden und ihren Erfolgen zu schreiben.

Meine Tochter Dr. med. Claudia Moser und ich hatten schon ein Buch veröffentlicht: „So hilft Ihnen die Blutegeltherapie“, erschienen im Dezember 2015 in diesem Verlag.

Das Thema „Blutegeltherapie bei Tieren bzw. Pferden“ ergänzte unser Spektrum.
Und so entstand die Zusammenarbeit mit Sabine. Gern stellte ich ihr meine inzwischen jahrzehntelange Erfahrung

in der Blutegeltherapie zur Verfügung und half ihr bei der Gestaltung ihres Buches.

Ich wünsche, dass ihre Begeisterung für diese Therapie niemals endet, denn die Blutegeltherapie, egal ob am Menschen oder am Tier angewandt, ist einfach universell.

Dir Sabine, wünsche ich viel Erfolg und Freude mit Deinem Buch.

Schorndorf Juli 2019

Karla Moser

Einleitung

Seda, meine 14 jährige Mischlingshündin aus Spanien, litt an einer angehenden Spondylose im Brustwirbelbereich. Dies wurde bei einer Röntgenuntersuchung festgestellt, die ich beim Tierarzt aufgrund einer angehenden Lahmheit und Steifheit der Hinterhand durchführen ließ.

Es ist der einzige Fallbericht über eine Blutegeltherapie an einem Hund – meinem Hund - in diesem Buch.

Anfangs dachte ich, sie hätte sich nur vertreten. Da es aber nicht besser wurde suchte ich einen Tierarzt auf, um sie zusätzlich röntgen zu lassen.

Hierbei wurde dann eine angehende Spondylose, eine Arthrose im Hüftgelenk, rechts stärker ausgeprägt als links, festgestellt. Außerdem wurde ein Projektil gefunden, welches zwischen Kreuzbein und Hüftknochen steckte. Dies schien sie aber weiter nicht zu stören. Es musste schon längere Zeit dort stecken. Seda kam aus dem Tierschutz und lebte inzwischen schon 8 Jahre bei mir.

Nach dem Befund wurde überlegt wie die Behandlung aussehen könnte. Um sie nicht mit hochkarätigen Schmerzmittel und Entzündungshemmer immer vollzupumpen, haben wir sie mit einem Ingwer-Präparat gegen die Schmerzen angefangen zu therapieren. Diese Therapie hat sehr gut angeschlagen. Zusätzlich habe ich ihr TCM-Kräuter (TCM = Traditionelle Chinesische Medizin) von einem Heilpraktiker bestellt. Hier gab es zuerst eine relativ starke Erstverschlimmerung, so dass ich dann doch noch zusätzlich Ingwer (eine Prise morgens und abends) beigefüttert habe.

Nach 4 Tagen „galoppierte“ sie auch wieder und konnte sich schütteln. Die Treppen waren fortan auch kein Problem mehr für sie.

Zusätzlich war auch der Hüftbereich nicht mehr so überhitzt wie vorher und die Empfindlichkeit hatte nachgelassen.

Seda vor der Behandlung

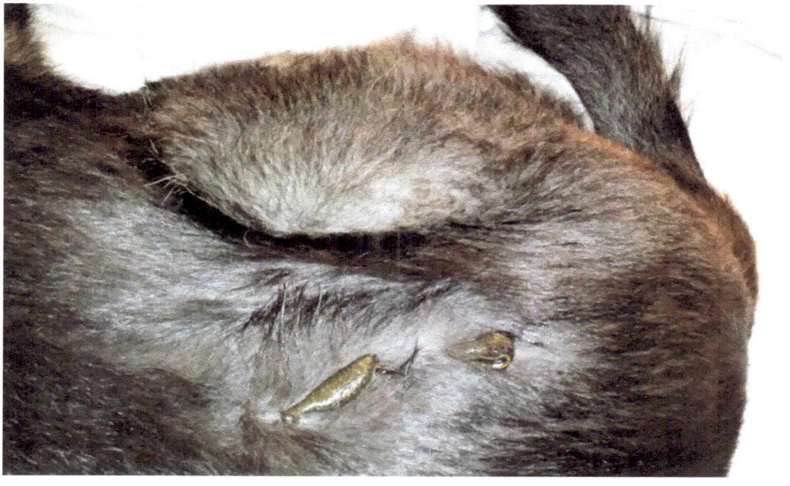

Seda nach der Behandlung

Meine geliebte Hündin „Seda“ verstarb am 20.04.2018

Einführung

Dass ich jemals dazu kommen würde, ein Buch über die Blutegeltherapie bei Pferden zu schreiben, wäre mir vor Jahren noch nicht in den Sinn gekommen.

Eigentlich wollte ich nur eine Ausbildung als Pferdeosteopathin machen und mir hier ein zweites Standbein aufbauen.

Fängt man jedoch einmal an sich mit Dingen zu beschäftigen, die einem durch Berufung auferlegt wurden, dreht sich das Rädchen immer weiter. Es bleibt einem dann nichts anderes übrig, als seinen Weg zu gehen.

So erging es mir und heute zurückblickend bin ich froh, dass ich diesen Weg einschlug. Es öffnete sich eine Türe nach der anderen.

Alles begann mit meinem Pferd „Djeanne D'Arc" genannt „Josy".
Nicht, dass sie mein erstes Pferd war – nein – aber sie war das erste Pferd, dass keine Ruhe gab, bis ich endlich diesen Weg einschlug und auf sie „hörte".
Ich erlebte mit ihr meine Heldinnenreise.

Mein Interesse an Tieren begann schon in den Kinderschuhen. Tiere waren für mich immer die wahren Freunde. Seit jüngster Kindheit begleitete mich mein Wellensittich „Hansi" der seine Freiheit in meinem Zuhause genoss. Er war sehr zutraulich, konnte einige Kunststücke und landete gerne im Sturzflug – wenn man ihn nicht früh genug einsperrte – in Papas Spiegelei.

Später kamen ein Pflegehund dazu und dann die Reiterei. Meine Eltern hatten leider nicht das Geld, mir in frühen Jahren ein Pferd zu kaufen. Irgendwann war ich darüber auch froh. Ich hatte mitbekommen, dass eine Freundin ihr Pferd verkaufen musste, als sie ihre Ausbildung begann. Meine Pflegepferde liebte ich dafür nicht weniger.

Nun habe ich seit über 30 Jahren eigene Pferde und möchte sie nicht missen. Da mich auch hier der Ehrgeiz packte, lernte ich die Turnierreiterei kennen. Ich selbst bin bis in die Klasse M Dressur geritten, wobei meine Pferde zu Hause bis in den Level der S-Dressur trainiert wurden.

Durch „Djeanne D'Arc" habe ich dann umgesattelt. Sie wurde leider von einem Berufsreiter so „sauer" geritten, dass sie fast unreitbar war. Durch die Legerete bin ich wieder an sie „ran" gekommen und konnte ihr das Vertrauen zum Reiter wiedergeben.

Sie lehrte mich dann was alles dazugehören kann. Heute steht sie bei einer sehr netten Frau in der Eifel und genießt ihr Altenteil.
Und ich sitze hier und erstelle das Inhaltsverzeichnis meines ersten Buches zur Blutegeltherapie bei Pferden.

Große Unterstützung hierzu bekomme ich durch Karla Moser, meiner Ausbilderin zur Blutegeltherapeutin nach IGBT e.V.
Ich wünsche den Lesern viel Spaß beim Erkunden dieser wunderbaren kleinen Helfer.

Rechtliche Grundlagen

Blutegel sind Fertigarzneimittel nach § 2 Abs. 1 Nr. 1 Arzneimittelgesetz. Es dürfen nur Blutegel eingesetzt werden, die von zugelassenen Arzneimittelherstellern bezogen werden. Niemand darf einem Tier ohne vernünftigen Grund Schmerzen, Leid oder Schäden zufügen. (§1 Tierschutzgesetz).

Die Therapie sollte nur von einem Therapeuten, der eine Grundlagenausbildung der Blutegeltherapie absolviert hat, durchgeführt werden (Indikation, Kontraindikation, Anwendung, Nach- und Nebenwirkungen, Halterung).

Die ordnungsgemäße Entsorgung der Blutegel muss sichergestellt werden. Dies bedeutet, dass die Blutegel nach dem Therapieeinsatz getötet werden müssen. Für mich ist das Einfrieren hier die humanste Methode

Geschichte der Blutegel

Die Blutegeltherapie ist eine sehr alte Heilmethode. Es gibt über 600 Egelarten auf unserer Erde. Sie haben eine unglaublich lange Entwicklungsgeschichte hinter sich (450 Millionen Jahre, also deutlich länger als der Dinosaurier mit 235 Millionen Jahren). Es gibt Hinweise, dass schon in der Steinzeit Menschen auf diese Weise behandelt wurden.
Nicht nur bei primitiven sondern auch bei kulturell höher entwickelten Völkern wurde die Blutegeltherapie eingesetzt.

Bis 18. Jahrhundert

Ägypten:
Hierüber gibt es Nachweise aus den Keilschriften der Babylonier 18. Dynastie

Indien:
Die Blutegeltherapie wurde schon in den Sanskrit-Schriften erwähnt. Da es bereits im 5. Jhr. v. Chr. Blutegelzüchtereien gab war sie ein sehr beliebtes Heilverfahren.
In Indien wurde das erste Schriftstück verfasst, das sich mit der Blutegeltherapie und ihre Indikationen befasste.

China und Japan:
Schon im 2. Jhr. v.Chr. wurde hier aus religiösen Gründen der Blutegel pulverisiert und als Aphrodisiakum angewandt.

Europa:
Nikander von Kolophon (ca. 200 – 131 v. Chr.) schrieb als erster über den Nutzen der Blutegeltherapie.
Themison von Laodikeia (123 – 43 v. Chr.) machte die Blutegeltherapie bekannt. Er setzte sie bei allen Krankheiten, die

er dem „Status Strictus“ (Spannung), z.B. fieberhafte Allgemeinerkrankungen, chronischer Kopfschmerz, Arthritis, zuordnete, ein.
In Rom wurde die Blutegeltherapie ab der Mitte des 1. Jhr. n. Chr. populär und in der Volksmedizin eingesetzt.
Galen (130 – 201 n.Chr.) hielt die Blutegel für unverzichtbar in der ärztlichen Heilkunst.
In Deutschland wird die Blutegeltherapie erst in der zweiten Hälfte des 16. Jhr. bekannt. Zu dieser Zeit war Italien das Zentrum der Blutegeltherapie.

19. Jahrhundert

Das war das Jahrhundert des „Vampirismus“.
Bei jeder erdenklichen Erkrankung wurden die Blutegel aufgesetzt. Die Anzahl war damals enorm. Meist wurden 60-80 Blutegel bei einer Person für eine Behandlung angesetzt. Somit wurden die Blutegel fast ausgerottet.
In Frankreich stieg die Blutegeleinfuhr zwischen 1827 und 1850 von 33,6 Millionen auf 100 Millionen Blutegel pro Jahr an.
Er breitete sich über Europa und sogar viele außereuropäische Länder, unter anderem auch die USA, aus.

Blutegel waren die wichtigste medizinische Handelsware.
Die zunehmende Zerstörung der Lebensräume durch die Industrialisierung verringerte die natürlichen Bestände der Blutegel rapide. Die ersten Zuchtanlagen wurden aufgebaut. Schon in den 30er Jahren des 19. Jahrhunderts waren die Blutegel in Deutschland fast ausgerottet.

Mitte des 19. Jahrhunderts mussten die Tiere aus Ägypten, Syrien, der Türkei, Russland und Zentralasien importiert werden.

Es entstanden Zuchtanlagen.

Ab Mitte des 19. Jahrhunderts kam die Organpathologie von Virchow und Kenntnisse der Bakteriologie und Asepsis (Keimfreiheit/ohne Fäulnis) auf. Dies führte zu einem starken Rücklauf der Blutegeltherapie. Sie verlor somit mehr und mehr an Bedeutung. Nur noch in der Volksmedizin und Naturheilkunde wurde sie weiter angewendet.

20. Jahrhundert

In den zwanziger Jahren blieb es um die Blutegeltherapie ruhig, bis die ersten Veröffentlichungen aus Frankreich erschienen. Sie berichteten über Therapieerfolge mit Blutegeln bei der Behandlung der Thrombose und Thrombophlebitis (Termier, 1992).

Es kam zu einer Renaissance dieses uralten Heilverfahrens. Durch den Frankfurter Arzt Heinz Bottenberg wurde die Blutegeltherapie weltweit verbreitet. Er beschreibt hier die allgemeine Wirkung nach seinen Erkenntnissen:

- lokal gerinnungshemmend
- lymphstrombeschleunigend
- antithrombotisch
- immunisierend
- schmerzstillend und
- gefäßkrampflösend

Er beschrieb weiter eine allgemein erleichternde, blutreinigende und entgiftende, entzündungshemmende, krampflösende und beruhigende, aufsaugende und immunisierende Wirkung.

Ende des zweiten Weltkrieges setzte sich Heparin und dann Marcumar zur Thrombose- und Embolie Prophylaxe und Therapie durch. Doch immer wieder flackerten Berichte über den Erfolg von Blutegeltherapie auf.

1955 veröffentlichte Karl-Otto Kuppe das Buch „Der Blutegel in der ärztlichen Praxis".

Anfang der 80-er Jahre wurde ein neues Anwendungsgebiet für die Blutegeltherapie entdeckt: Die Mikrochirurgie (Foucher et al. 1981).

In den folgenden Jahren bis heute wurden die Anfangserfolge der Blutegeltherapie auf dem Gebiet der Mikrochirurgie bestätigt. Bei venösen Stauungen von Re- oder Transplantaten werden Blutegel seitdem in immer größerem Umfang angewendet.

(Literaturhinweis: www.blutegel-online.de)

Regionale Unterschiede in der Anwendung der Blutegeltherapie:

In Russland blieb die Blutegeltherapie kontinuierlich ein etablierter Bestandteil der Medizin (Verwendung auf dem Land ebenso wie in Blutegeltherapie-Stationen in den Krankenhäusern).

In Europa und USA verlor dagegen die Blutegeltherapie ihren Stellenwert in der Medizin ab der zweiten Hälfte des 19. Jhr. mit dem Aufkommen von Bakteriologie, Pharmakotherapie und Gerätemedizin.

In einer Reihe europäischer Länder (Deutschland, Österreich, Schweiz, Frankreich, England) und in USA wird jedoch seit ca. 1970 die Blutegeltherapie wieder zunehmend eingesetzt. In den südeuropäischen Ländern (Italien, Spanien, Griechenland) war und ist die Blutegeltherapie unpopulär, während diese Therapieform z.B. in der Türkei traditionell verankert und auch heute noch weit verbreitet ist.

In einigen asiatischen Ländern wird die Blutegeltherapie traditionell eingesetzt (Indien, Malaysia, Indonesien), während in China die konventionelle Blutegeltherapie nicht geläufig ist, dagegen aber Therapien mit Blutegel-Extrakten (Pulver, Mixturen) eingesetzt werden.

Biologie des Blutegels

Der medizinische Blutegel (Hirudo medicinalis) gehört zu den Ringelwürmern (Annelida). Somit ist er eng verwandt mit dem Regenwurm.

In der medizinischen Anwendung kommt seit dem 20. Jhr. fast ausschließlich der Hirudo verbana zum Einsatz.

Hirudo medicinalis und Hirudo verbana stehen gemäß Washingtoner Artenschutzabkommen unter Artenschutz und dürfen nicht ohne behördliche Erlaubnis über EU-Grenzen transportiert werden.

Blutegel bewegen sich im Wasser mit delphinartigen Schwimmbewegungen fort. An Land bewegen sie sich spannerraupenartig durch abwechselndes Festheften der Saugnäpfe. Der Blutegel bewegt sich nur vorwärts.

Erwachsene Blutegel können in Gefangenschaft 25 - 27 Jahre alt werden. Sie können ein Länge von 22 cm, eine Breite von 2 - 3 cm und ein Gewicht von 35 g erreichen. In freier Natur werden sie durchschnittlich 12 - 15 cm lang und 1 - 2 cm breit.

Obwohl Blutegel Zwitter sind, benötigen sie einen Geschlechtspartner, um sich fortzupflanzen.

Männchen und Weibchen befruchten sich gegenseitig und legen dann ca. 3 - 5 Schaumeier ab. Diese entwickeln sich innerhalb von 4-8 Wochen (temperaturabhängig) zu einem Kokon. In jedem Kokon entstehen ca. 8-15 Babyegeln.

Nach dem Schlüpfen ernähren sich die jungen Blutegel zunächst von ihren Eltern aus dem defibrinierten Blut in deren Körper, von kleinen wirbellosen Tierchen wie Schnecken, Muscheln, an die sie sich ansaugen. Später saugen sie an Fröschen und Fischen, als Erwachsene schließlich an Säugetieren einschließlich des Menschen.

Die Aufzucht bis zur medizinischen Anwendung dauert circa 2 Jahre.

Worin besteht der Unterschied zwischen dem medizinischen Blutegel und dem freilebenden Blutegel?

Laut Nesemann, H. & Neubert, E. (1999) ist in Deutschland hauptsächlich eine Art von Blutegeln erhältlich:

Hirudo verbana
Diese Gattung der Blutegel wird im Wesentlichen aus der Türkei importiert und nachgezüchtet, auch als ungarischer Blutegel bezeichnet. Er gilt seit einiger Zeit wieder als eigenständige Art.

- Hirudo orientalis 11 Chromosome
- Hirudo verbana 12 Chromosome
- Hirudo medicinalis 13 Chromosome

Die Andersartigkeit dieser Blutegel macht sich bemerkbar durch:

- Größe
- Anzahl
- Stoffwechsel
- Anpassung unterschiedlicher Klimabedingungen

Die medizinischen Blutegel besitzen ein natürliches „Sicherheitsmanagement“

Die Drüsen, aus denen die Wirkstoffe abgeben werden, sind bei medizinischen Blutegeln keimfrei.
Die Blutegel beißen frühestens nach 5 Monaten (nach der letzten Mahlzeit) das erste Mal wieder, je nach Größe und

Alter sowie der aufgenommenen letzten Mahlzeit. Es können auch 12 Monate vergangen sein, bevor ein Egel wieder anbeißt. Hierdurch besteht eine natürliche Quarantänezeit.

Beim Saugvorgang werden keine Bakterien aus dem Magen-/Darmtrakt in die Wunde abgegeben.

Es wurden im Magen-/Darmtrakt antimikrobielle Substanzen gefunden.

Das gewünschte Nachbluten hilft zur Reinigung der Wunde.

Hälterung und Entsorgung des Blutegels

Heute sind sie nur noch arzneimittelrechtlich lieferbar und aus zugelassenen Zuchtbetrieben.

Somit unterliegen medizinische Blutegel dem gleichen Sicherheitsstandard wie alle zugelassenen Arzneimittel.

Die Hälterung erfolgt in Tontöpfen, verschließbaren Gläsern, Aquarien oder lebensmittelechten Kunststoffbehälter.

Der regelmäßige (täglich - wöchentlich) Wasseraustausch ist notwendig. Somit gewährt man die Sauerstoffversorgung. Die Egel häuten sich jede Woche und es kommt zu Ausscheidungen.

Gefäße zur Aufbewahrung von Blutegeln aus Ton

Die Blutegel müssen nach einem einmaligen Gebrauch getötet werden.

Hier bevorzuge ich das Einfrieren, da es aus meiner Sicht die humanste Art ist, auch wenn es nachgewiesen wurde, dass Blutegel kein Gehirn haben – und somit keinen Schmerz empfinden können.

Blutegel reagieren auf Kälte mit Lethargie und Bewegungsunlust bis zur Bewegungsunfähigkeit.

Nach der Tötung des Blutegels kann dieser als Gewerbeabfall entsorgt werden. In kleineren Praxen, die nicht über den Gewerbemüll entsorgen können die toten Blutegel in flüssigkeitsdichten Behältnissen mit dem Restmüll entsorgt werden.

Wirkung des Blutegels

Die Heilwirkung der Blutegelbehandlung entsteht durch Reaktionen der Patienten auf den Biss, das Saugen und das Nachbluten sowie die biologisch aktiven Stoffe des Egelsekrets. Die Blutegeltherapie ist also weit mehr als eine einfache Ausleitungsmethode und ihre spezifische therapeutische Potenz mit keinem anderen Naturheilverfahren vergleichbar.

Der Blutegel trifft bei seinem Biss auf das System der Grundregulation des Patienten, in dem vasomotorische, gerinnungshemmende, immunologische und antientzündliche Mechanismen zur Abwehr der „Aggression“ eingesetzt werden. Diese muss der Blutegel überwinde, um in kurzer Zeit möglichst viel Blut aufnehmen zu können, ohne dabei den Wirt stark zu schädigen, der ihm für weitere Blutmahlzeiten erhalten bleiben soll.

System der Grundregulation nach Pischinger, 1983, und Heine, 2007

Die „Grundsubstanz“ (extrazelluläre Matrix) ist das zentrale Element des Systems der Grundregulation und sichert den Stoffwechsel im Gesamtorganismus ab. Sie ist über hier beginnende / endende vegetative Nervenfasern mit dem zentralen Nervensystem, über das Mikrokapillarnetz mit dem Blut- und Lymphkreislauf sowie mit dem Hormonsystem verbunden. Das bedeutet, dass es im Körper keine isoliert voneinander ablaufenden Prozesse gibt und Störungen in einzelnen Organen meist systemische Folgen haben.

Inhaltsstoffe des Speichels und die Wirkungsweise

Das Speicheldrüsensekret des medizinischen Blutegels besteht aus ca. 90% Wasser. In diesem sind biologisch aktive Eiweiße und Peptide, Lipide sowie Polysaccharide enthalten. Laut der Zuchtstation Biebertal wurden mit modernen analytischen Verfahren ca. 150-200 organische Moleküle als weitere Inhaltsstoffe des Blutegelspeichels identifiziert, wobei die pharmakologische Aktivität (die Wirkung eines Wirkstoffes auf den Organismus) bisher noch nicht geklärt ist.

Hirudin

Ist ein thrombinspezifischer Gerinnungshemmer, welcher dem Heparin überlegen ist. Es ist der <u>stärkste</u> bisher bekannte Thrombinhemmer und wird während der Blutmahlzeit verbraucht. Er ist 10-fach stärker wirksam als unser – aus der Humanmedizin - bekanntes Heparin, ist nicht lebertoxisch und hat einen regulierenden Einfluss auf das Nervenwachstum. Es wirkt analgetisch (Analgesie = Das Ausschalten von Schmerzen) und antiinflammatorisch (gegen eine Entzündung gerichtet = entzündungshemmend).

Calin

Ist ein kollagenvermittelnder Gerinnungshemmer und verantwortlich für die lange Nachblutung. Es verzögert die Wundverschließung, hemmt die Adhäsion (Verklebung/Verwachsung) und Aggregation (Anhäufung) der Thrombozyten. Durch die Aktivierung des Willebrand Faktors wird der Wunderschluss erschwert und die Nachblutung gefördert. (Wikepedia: Der von-**Willebrand-Faktor** (VWF) oder von-

Willebrand-Faktor (VWF) ist ein Protein, das als Trägerprotein des Blutgerinnungsfaktors VIII eine wichtige Rolle bei der Blutstillung spielt und nach Erik Adolf von **Willebrand** (1870–1949), einem finnischen Internisten, benannt wurde).

Saratin
Wirkt ähnlich wie Calin und wird in der Literatur häufig nicht von Calin unterschieden. Es hemmt die Thrombozyten Aggregation durch die Bindung an Kollagen.

Hyaluronidase
Wirkt lymphstrombeschleunigend und ermöglicht das bessere Eindringen der Speichelstoffe in die umliegenden Gewebe (spreading effect). Hyaluronidase wird nicht von körpereigenem Heparin gehemmt.

Eglin
Wirkt entzündungshemmend und stimuliert das Nervenfaserwachstum.

Bdellin
Hilft Blutgerinnsel abzubauen und wirkt somit gerinnungshemmend und stimuliert zusätzlich das Nervenfaserwachstum.

Apyrase
Ist ein Thrombozytenaggregationshemmer und verhindert übermäßiges Verklumpen von Blutplättchen. Blutplättchen spielen eine wichtige Rolle bei der Blutgerinnung. Bei einem Mangel kann es zu punktuellen Blutungen aus der Haut kommen.

Kollagenase
Löst Kollagen (wichtigster Faserbestandteil von Haut, Knochen, Sehnen, Knorpel, Blutgefäßen und Zähnen) auf und hilft Vernarbungen zu lösen.

Destabilase M
Löst Fibrin (Eiweißstoff des Blutes, der bei der Blutgerinnung entsteht – „Klebstoff“) auf und stimuliert das Nervenfaserwachstum.

Destibilase L
Wirkt antimikrobiell (hemmt Wachstum von Mikroorganismen z.B. Bakterien) und wirksam durch Lysozymaktivität (Lysozym = antibakterielle Wirkung, wirkt der angeborene Funktion des Immunsystem bei, spaltet Bakterienzellwand grampositiver Bakterien z.B. Streptokokken und Staphylokokken).

Histamin
Fördert die Dilatation (Erweiterung) der Kapillaren und wirkt somit auf die Erhöhung der Kapillardurchlässigkeit (erhöhter Stoffaustausch in den Zellen), fördert die Entzündung, somit Gefäßerweiterung und Durchblutungsförderung (Ursache für Hautrötung, Juckreiz). Achtung! Es kann zu Allergiereaktionen kommen.

Serotonin
Ist eine Vasokonstriktion (Verengung der Gefäße), und wirkt stimmungsaufhellend.

Blutegel in der Praxis

Einsatz von Blutegeln auf Akupunkturpunkte

Im Internet sind verschiedene Diskussionen und Artikel zu diesem Thema zu finden.

Aus meiner persönlichen Ansicht ist die Akupunktur – wenn sie richtig beherrscht wird – eine sehr gute alternative Behandlungsmethode, die aus eigener Erfahrung auch vielen Tieren geholfen hat.
Aus diesem Grund befürworte ich immer eine Therapie mit Blutegeln auf Akupunkturpunkt. Siehe hierzu meine Erklärung bei der Therapie auf Stresspunkte.
Zum jetzigen Zeitpunkt kann ich persönlich noch keine Erfahrungsberichte hierzu liefern.

Es sind mir aber positive Erfahrungsberichte von anderen Therapeuten bekannt.

Ein kürzlich erschienener interessanter Artikel zur medizinischen Bedeutung der Akupunktur ist in dieser Diskussion erschienen. (Lehmann, Hanjo, Süddeutsche Zeitung 186 vom 14./15. August 2010, Seite 20., Anhang*).

Der Autor ist Mediziner und leitet das Deutsche Institut für Traditionelle Chinesische Medizin (TCM) Hier seine Sichtweise zum heutigen Stand der Akupunktur:
Die chinesische Akupunktur erlangte in Europa und USA aufgrund der sensationellen Berichte des Franzosen Goerges Soulié (1878-1955) hohes Ansehen und hat in Deutschland dazu geführt, dass Ärzte die Zusatzbezeichnung Akupunktur-Therapeut führen dürfen. Bei einigen Schmerzsyndromen wird inzwischen die Akupunktur von den gesetzlichen Krankenkassen erstattet.

Georges Soulié wird in dem zitierten Artikel als west-östlicher Scharlatan bezeichnet, da er nicht nur seinen Namen unberechtigterweise adelte (Soulié de Morants), sondern auch Behauptungen aufstellte, die keiner Prüfung standhalten und von Vertretern der chinesischen Medizin nicht gestützt werden:
Angeblich heilte Soulié im Jahr 1901 in Peking die Bevölkerung von der Cholera mit seiner frisch erlernten Akupunktur-Technik.

Seine Einteilung der Meridiane und Punktekategorien (z. B. Tonisierungs- und Sedierungspunkte, Alarm-, Meister- und Spaltpunkte) entbehrt jeder wissenschaftlichen Grundlage und konnte bisher keinen therapeutischen Nutzen nachweisen.

Zitat: "Es ist also egal, wohin gestochen wird".

Die Akupunktur wurde in China bereits vor ca. 1000 Jahren praktiziert. Sie war jedoch schon seit Jahrhunderten ohne Bedeutung. 1822 wurde die Akupunktur in China von der kaiserlichen Medizinakademie verboten und hatte weiterhin in China nur einen sehr geringen Stellenwert.

Die Begeisterung, die Soulié in Europa und USA mit seinen Berichten zur Akupunktur entfachte, führte auch in China wieder zu einer gewissen Bedeutung. Letztlich beruht jedoch der Stellenwert der Akupunktur in China vorwiegend auf dem hohen Ansehen im Westen, verbunden mit den finanziellen Vorteilen, die sich durch den Export der Akupunktur (Kurse, Bücher, Material) ergeben.

Zitat: "Das Ansehen der TCM beruht nur auf dem Interesse des Westens".

Fazit dieses Artikels:
Die chinesische Akupunktur hat im Westen - im Gegensatz zu China - eine unangemessene, wissenschaftlich unzureichend fundierte Bedeutung erlangt. Besonders fragwürdig ist die Lehre der Punktekategorien. Daraus folgt: für die Methodik der Blutegeltherapie (Ansetzpunkte) lässt sich keine Bedeutung ableiten.

Diskussion:
In der Diskussion dieses Artikels wird argumentiert, dass der "west-östliche Scharlatan" Soulié de Morant keineswegs die große Bedeutung für die Einführung der Akupunktur in die westliche Heilkunde besitzt, die ihm in diesem Artikel zugeschrieben wird. In der westlichen Medizin sei Soulié de Morant nahezu unbekannt. Die allgemeine Bedeutung der Akupunktur in China wird - im Gegensatz zu der Beschreibung im Artikel - auch deutlich höher eingeschätzt als in diesem Artikel dargestellt.

Auch wird in der Diskussion auf positive klinische Ergebnisse bei neurologischen und orthopädischen Erkrankungen sowie bei chronischen Schmerzen verwiesen.

Für die Blutegeltherapie ist von Bedeutung, dass die Spezifität der Akupunkturpunkte (abgesehen vom spezifischen Punkt für Übelkeit) tatsächlich noch nicht nachgewiesen ist. Das gezielte Ansetzen von Blutegeln auf den Akupunkturpunkten kann daher nicht generell als bevorzugte Ansetztechnik empfohlen werden. Auch hier ist die individuelle Erfahrung des Therapeuten entscheidend.

Einsatz von Blutegeln auf Stresspunkte:
Über den Einsatz von Blutegeln auf Stresspunkte konnte ich bisher nicht recherchieren. Ich bin jedoch davon überzeugt, dass der Blutegeleinsatz auf Stresspunkte eine verstärkte Wirkung erzielt. Die Blutegel können auch sehr gut segmental und systemisch eingesetzt werden können. Der Einsatz auch auf die Stresspunkte dürfte eine große Wirkung hervorrufen.

Gitte Soeby aus Dänemark von „The Danish Equine Academy“ hat uns in der Ausbildung zum Pferdeosteopathen nach Welter-Böller die Stresspunktmassage sehr nahe gebracht und durch ihre Erfahrung und Ausbildungsunterlagen konnte ich viele Zusammenhänge erkennen.

Hier meine Erklärung, warum ich diese Meinung vertrete:
Aktive Stresspunkte sind entzündlich und zeigen mehr Schmerzhaftigkeit und Empfindlichkeit.

Die Blutegel entspannen das ganze Gebiet rund um den Stresspunkt. Sie lösen Faserverklebungen und werden auch gerne bei Myogelosen (Muskelverhärtungen) angewendet.
Sie wirken schmerzlindernd und entspannend. Durch ihr beim Biss abgesondertes Sekret wirken sie stimmungsaufhellend und entspannend auf den Patienten ein.
Die Wirkung ist sofort spürbar.
Die Wiederholung der Blutegelbehandlung mache ich persönlich von der Reaktion des jeweiligen Pferdes abhängig - jeder Organismus reagiert anders.

Segmentaler und systemischer Einsatz von Blutegeln

Hier möchte ich noch einmal auf die Grundregulation nach Pischinger hinweisen:

System der Grundregulation nach Pischinger 1983 und Heine 2007:
Die „Grundsubstanz" (extrazelluläre Matrix) ist das zentrale Element des Systems der Grundregulation und sichert den Stoffwechsel im Gesamtorganismus ab. Sie ist über hier beginnende/endende vegetative Nervenfasern mit dem zentralen Nervensystem, über das Mikrokapillarnetz mit dem Blut- und Lymphkreislauf sowie mit dem Hormonsystem verbunden. Das bedeutet, dass es im Körper keine isoliert voneinander ablaufenden Prozesse gibt und Störungen in einzelnen Organen meist systemische Folgen haben.

Kontraindikationen für eine Blutegelbehandlung

Tritt bei Ihrem Tier einer oder mehrere der folgenden Punkte auf, sollte keine Therapie mit Blutegel durchgeführt werden:

- Blutarmut (Anämie)
- Arterielle Verschlusskrankheit
- Blutgerinnungsstörungen
- Gabe von blutverdünnenden/blutgerinnungshemmenden Medikamenten (Marcumar, Heparin...)
- Maligne Tumore (bösartige Tumore)
- Diabetes mellitus
- Fieber
- Histamin Allergie
- Kachexie (Verminderung/schlechter körperlicher Allgemeinzustand)

- Leukämie (Blutkrebs)
- Gabe von Schmerzmitteln (Aspirin, Rimadyl, Equipalazone)
- Magengeschwüre
- Quecksilberhaltige Medikamente
- Schmerzmittel

Vor der Behandlung ist zu beachten

Haut und Fell des Tieres müssen frei von Chemikalien oder starken Geruchsstoffen sein (Floh- und Zeckenmittel).

Blutverdünnende und blutgerinnungshemmende Medikamente müssen drei Tage vor der Blutegelbehandlung mit Blutegeln abgesetzt werden.

Medikamente, die in der letzten Woche vor der Therapiesitzung verabreicht wurden, müssen angegeben werden.

Bekannte Allergien und bestehende Erkrankungen sind dem Therapeuten ebenfalls mitzuteilen.

Mögliche Nach- und Nebenwirkungen der Blutegeltherapie

- Lokaler Juckreiz an der Bissstelle
- Hautrötungen im Bereich der Bissstelle
- Anschwellung der regionalen Lymphknoten und des behandelten Körperteils
- Lokale entzündliche Reaktion
- Lokale allergische Reaktion
- Temperaturerhöhung (selten)
- Müdigkeit, Abgeschlagenheit
- Lang anhaltende Nachblutung 2 - 36 Stunden (wünschenswert und wichtig für eine erfolgreiche Therapie)

Tritt unmittelbar nach der Blutegelbehandlung eine starke Reaktion des Tieres auf (Kreislaufkollaps, Atemnot, heftige allergische Reaktion, extremes Nachbluten der Bisswunde und/oder Ähnliches), ist als erstes und sofort der Tierarzt aufzusuchen!
Bitte informieren Sie Ihren Therapeuten!

Vorbereitung

Der Therapeut sollte den Besitzer über die Behandlung und Indikationen aufklären. Zusätzlich ist es wichtig, die Kontraindikationen zu besprechen und abzuklären.
Die Beantwortung von Fragen und die Bereitschaft im Notfall vor Ort zu sein gehört mit zu den Aufgaben eines Therapeuten.

Wie verhalte ich mich dem Tier gegenüber?

Durch ruhiges Verhalten und vorab „beschnuppern“ lassen stelle ich mich dem Tier vor.

Das Tier ist bei der Unterhaltung mit dem Besitzer dabei. Somit gewöhnt sich das Tier an den Therapeuten.

Es sollte ein ruhiges und verständnisvolles Verhalten dem Tier gegenüber gezeigt werden.

Das Tier steht während der ganzen Behandlung unter Beobachtung des Therapeuten, um möglicherweise auftretende Störungen oder ungewöhnliche Verhaltensmuster zu beobachten.

In den meisten Fällen erkennt man die entspannte Reaktion des Tieres auf die Blutegeltherapie. Sollte es sich um ein sehr scheues Tier handeln, kann ein Vorabtermin ohne Behandlung vereinbart werden.

Welche Blutegel für welches Tier?

Bei der Behandlung mit Blutegeln ist auf die Größe des zu behandelnden Tieres zu achten. Gerade bei Katzen oder Hunden, die unter 5 kg wiegen, muss auf die Menge und die Größe der Blutegel geachtet werden. Eventuell sollte eine Absprache mit dem Tierarzt erfolgen.

Kleine Blutegel: bei Katzen und bei kleinen Hunden.
Mittlere Blutegel: bei Hunden und Pferden
Große Blutegel: Pferde / Kühe

Was kann ich tun, damit die Blutegel besser beißen?

Bei Sehnenproblemen, ohne Lahmheit, vor der Behandlung 20 Minuten spazieren gehen (harter Boden).

Bei akutem Sehnenproblem und akuter Lahmheit – unter Abklärung des Tierarztes mit Untersuchung - ist keine Bewegung notwendig.

Rotlichtlampe im Winter einsetzen bei Pferden die fest stehen müssen, und keine bessere Durchblutung durch Bewegung möglich ist, sowie Wärmflache, Wärmepads und Massage.

Im Notfall kann man auch die Haut etwas anstechen. Ich habe sehr gute Erfahrung mit dem Accu-Check-Stick aus der Humanmedizin gemacht (es handelt sich hierbei um eine automatische Stechhilfe). Die Pferde merken kaum etwas und lassen mich zum Ansetzen der Blutegel an die gewollte Stelle.Material

- Klebeband – Leukosilk – Panzerband in Silber (allgemein bekannt) eine Tasche basteln: Einmalbinden oder Einmalwaschhandschuhe zum „basteln“ der Tasche

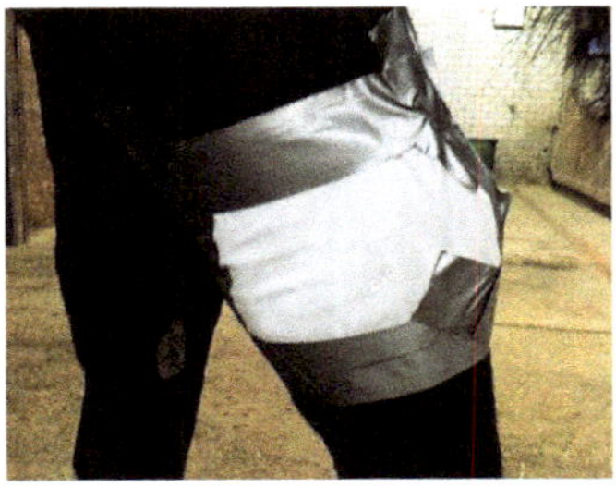

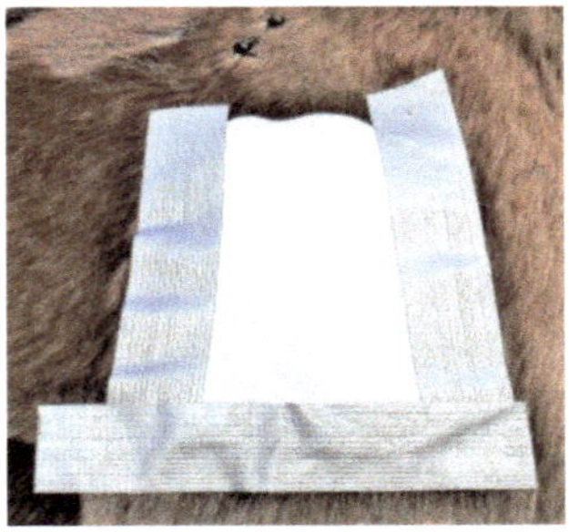

- Präparierte Spritze zum genaueren Platzieren der Blutegel – falls wünschenswert
- Rasiermesser
- Blutzuckerlanzetten

Wieviel Blutegel kann ich setzen?
Im Normalfall pro 10 kg Körpergewicht einen mittleren Blutegel.
Über die Wirkung der Blutegel habe ich bereits berichtet (Indikationen).

Wie viele Blutegeltherapien im Einzelfall durchgeführt werden sollten, hängt von der Verfassung des Tieres ab. Nach einem Telefonat mit dem Besitzer werden weitere Behandlungen besprochen.

Es können die unterschiedlichsten Reaktionen auf die Blutegel auftreten:

- Keine negativen Reaktionen
- Eine Erstverschlimmerung kann erfolgen
- Lahm frei nach Blutegelbehandlung, Erleichterung z.B. bei Rehe
- Anschwellung der Bissstellen
- Auftreten von Blutergüssen
- Anschwellung eines ganzen Gelenkes
- Blutegel können sogenannte „Knutschflecke“ hinterlassen, die bei–hellhäutigen Tieren auch zu sehen sind
- Juckreiz
- Minimalnarben an der Biss-Stelle der Egel wie eine kleine Dreiangel, meist durch das Fell nicht erkennbar bzw. sichtbar.

Wann beißt der Blutegel nicht oder schlecht?

- bei aufziehendem Gewitter
- bei hoher Nervosität des Patienten
- bei Patienten, die bei Rauchern leben
- bei Tieren, die frisch mit Shampoo gewaschen wurden
- bei Tieren, die kurz vorher von Menschen gestreichelt wurden, die stark parfümiert waren
- bei Tieren die bestimmte Medikamente einnehmen
- wenn der Patient nicht ordnungsgemäß rasiert wurde (niemand beißt gerne in einen Igel und aus diesem Grunde verzichte ich auf die Rasur)
- wenn es zu kalt ist

Lösen des Blutegels

Der Blutegel darf nicht gewaltsam von seinem Opfer gelöst werden. Hierbei kann es zur Entleerung seines Darminhaltes kommen und somit zu einer Entzündung der Wunde. Die Anwesenheit eines Tierarztes kann erforderlich werden, da der Patient auch mit Antibiotika behandelt werden sollte.

Auch das Quetschen und Drücken sowie das Abziehen ist zu vermeiden.

Der Blutegel lässt von alleine los, sobald er satt ist.

Sollte er beim Saugen einschlafen, kann man ihn mit warmen Wasser motivieren weiter zu saugen oder los zu lassen (gerade auch bei Patienten, welche nicht bewegt werden dürfen). Ein leichtes anstupsen mit dem Finger bringt den Egel auch wieder in Aktion.

Sollten alle Bemühungen, sich von seinem Opfer zu lösen, nicht helfen, so empfehle ich Ihnen aus eigener Erfahrung: Gehen Sie mit dem Patienten spazieren. Durch die Bewegung der Muskulatur wird auch der Blutegel wieder aktiv und wird – sobald er genügend gesaugt hat, baldmöglichst loslassen.

Blutaufnahme

Ein Blutegel sorgt dafür, dass bei seiner Blutaufnahme einschließlich Nachblutung zwischen 20 und 30 ml Blut dem Opfer abgeht. Dies würde bei einem Ansatz von 3 Blutegeln einen Blutverlust von ca. 60 – 90 ml bedeuten.
Wieviel Blut hat welches Tier:

Maus	5 ml
Katze (5 kg)	330 ml
Hund	90 ml/Kg
Pferd (650kg)	45 Liter

Info über den Blutverlust:

Saugmenge ca.	10 – 15 ml Blut
Nachblutung ca.	10 – 15 ml Blut

Zunahme des Körpervolumens: 5- bis 8-fach

Was kann ich tun, damit die Blutegel besser beißen

- Mit dem Pferd vor der Behandlung spazieren gehen – falls es der Gesundheitszustand erlaubt.
- Die Stelle, an der die Blutegel angesetzt werden sollen, vorher anwärmen (Rotlicht oder Körnerkissen etc.).
- „Lockblut" verwenden (dafür habe ich mir aus der Humanmedizin eine automatische Blutzuckerlanzette besorgt:

  OneTouch Ultrasoft (mit 7 verschiedene Einstichtiefen).

  Man kann selbst das Blut abnehmen oder einen Tierarzt bitten, dies zu tun.

  Es kann aus der Halsvene das „Lockblut" entnommen werden, war bisher jedoch noch nicht notwendig.

  Bei Pferdebeinen wäre ich hier sehr vorsichtig. Es könnte sein, dass man später nicht mehr mit dem Blutegel an das Pferd hinkommt. Pferde können sehr sensibel an dieser Stelle sein und weichen zurück.
- Zu dem Rasieren stehe ich mit gespaltener Meinung. Bisher musste ich nicht rasieren. Die Blutegel hatten keine Probleme, sich durch langes Hunde- oder Pferdefell (ob Winterfell oder Sommerfell) durchzugraben.

  Stoppeliges mögen sie gar nicht!

  Sollten Sie zu einem „vorrasiertem" Patienten gerufen werden, besorgen Sie sich ein richtiges Rasiermesser, um die Rasur zu erneuern.

Ein Einmal-Rasierer reicht nicht aus! Der Bereich muss sehr sauber rasiert und glatt sein. Ansonsten werden unsere kleinen Helfer sich nicht für eine Bissstelle entscheiden.

Information für den Tierhalter

Wie bereite ich den Besitzer vor?

Meine persönliche Erfahrung hat mir gezeigt, dass es sehr wichtig ist, dem Besitzer über die Blutegeltherapie aufzuklären. Die meisten Besitzer sind sehr interessiert daran, was unsere kleinen Helfer so alles können und wie so eine Behandlung verläuft.

Die Neugierde ist meist so groß, dass der Ekel in den Hintergrund gerät. Gespannt stehen die Besitzer daneben und erkunden das Geschehen.

∞ ∞ ∞ ∞ ∞ ∞ ∞ ∞ ∞ ∞∞ ∞

Blutegeltherapie

Ihr Tier leidet unter einer Erkrankung, bei der der Einsatz von Blutegeln sinnvoll ist.

Dieses Merkblatt soll Sie über alle wichtigen Informationen sowie Risiken und Nebenwirkungen der Blutegeltherapie aufklären.

Bei Unklarheiten richten Sie bitte Ihre Fragen an den Therapeuten.

Vor der Behandlung:

- Die Haut muss frei von Chemikalien oder stärkeren Geruchsstoffen sein
- Hoch dosierte Enzympräparate, blutverdünnende bzw. blutgerinnungshemmende Medikamente müssen drei – fünf Tage vor der Behandlung abgesetzt werden
- Alle anderen Medikamente, die in der letzten Woche vor der Behandlung verabreicht werden, müssen angegeben werden, ebenso bekannte Allergien und bestehende Erkrankungen

Nach der Behandlung:

- Entstandene Krusten auf der Bissstelle keinesfalls entfernen und nicht in diesem Bereich kratzen lassen
- Ggf. behandelte Extremitäten schonen
- Bei auftretenden Beschwerden, die nicht eingeordnet werden können, unverzüglich den Blutegeltherapeuten kontaktieren
- Anstrengendes Reiten, Longieren, Hundesport, jagdliche Aktivitäten und ähnliches sind zu vermeiden
- ruhige Bewegungen sind erlaubt

Mögliche Nach- und Nebenwirkungen:

- Rötungen im Bereich der Bissstelle
- Langanhaltende Nachblutung (24-36 Stunden, wichtig und wünschenswert!)

- Anschwellung der regionalen Lymphknoten und des behandelten Körperteils (normal)
- Lokale allergische Reaktionen
- Lokale entzündliche Reaktionen
- Abgeschlagenheit, selten Temperaturerhöhung, lokaler Juckreiz

So erreichen Sie Ihren Therapeuten nach der Behandlung:

XXXXXXXXXX................. XXXXXXXXXX

Tierhaltererklärung:

Ich habe die Informationen zur Kenntnis genommen und verstanden. Ich möchte die Blutegeltherapie an meinem Tier durchführen lassen.

____

Datum und Unterschrift

Wie verhalte ich mich dem Tier gegenüber?

Gerade bei Pferden, wenn es an den Sehnenbereich – also an die Beine geht – experimentiere ich nicht viel. Auch wenn der Biss nicht wirklich schmerzhaft ist (ich habe es selber erlebt – es fühlt sich ein bisschen an – als wenn man sich an einer Brennnessel „verbrannt“ hat, aber nicht so lange) schätzen die Pferde diesen Biss nicht immer als harmlos ein und können mit Panik reagieren. Zusätzlich kommt hinzu, dass das Pferd mich im Normalfall nicht kennt.

Ich möchte hier kurz eine kleine Anekdote erzählen, die mir das Blutegelansetzen sehr erleichtert hat.
Ich wurde zu einer Isländer Stute gerufen, die nachbehandelt werden sollte. Die erste Blutegeltherapie wurde in der Klinik gemacht. Hierbei musste das Pony sediert werden, da es ansonsten die Belegschaft samt Ärzte zusammengeschlagen hätte.
O.K. dachte ich, wie gehe ich vor. Ich habe mich dem Pony beim ersten Besuch nicht mit den Blutegeln genähert, sondern habe diesen Besuch dazu genutzt, die Anamnese zu erstellen und den Besitzer aufzuklären. Zusätzlich habe ich eine andere Behandlung noch hinzugezogen. Somit hatten das Pony und ich den ersten positiven Kontakt.

Als ich dann das zweite Mal kam um die Blutegel anzusetzen, war die Lage sehr entspannt. So konnte ich in Ruhe eine „Tasche“ basteln und sie dem Pony am Bein befestigen. Jetzt konnten die Egel in Ruhe ihre Arbeit machen – sie sollten es jedenfalls. An diesem Tag kam es aber leider zu keinem Biss. Das Pony stand jedoch ruhig und ließ alles über sich ergehen.

Was ich hiermit auch sagen will: „In der Ruhe liegt die Kraft". Hektik ist bei der Blutegeltherapie eher kontraproduktiv.

Nachsorge

Die Bisswunde kann bis zu 36 Stunden nachbluten. Eine Nachblutung ist in der Blutegeltherapie gewünscht. Je stärker desto besser.

Eine Nachsorge der Wunden in der Pferde-/Großtierpraxis ist nicht unbedingt notwendig, da hier allgemein keine Verbände angelegt werden.
Bei Hunden und Katzen sollte man einen kleinen Verband anlegen, da das Blut ansonsten in der ganzen Wohnung verteilt wird.

Sollte es zu einer sehr starken Nachblutung kommen, die man kontrolliert ablaufen lassen möchte, empfehle ich, einen Verband (gerade bei Hunden, die noch über Nacht weiterbluten um Verunreinigung des Körbchens oder auch der Wohnung zu vermeiden) anzulegen. Wenn die Blutung nach Ansicht des Therapeuten zu lange dauert, auch einen Druckverband.

Ruhige Bewegungen des Tieres sind erlaubt. Anstrengendes Reiten, Longieren, Hundesport oder ähnliche Aktivitäten sind ein Tag nach der Behandlung zu vermeiden

Krusten sollten nicht abgewaschen oder abgekratzt werden. Sie fallen in den nächsten Tagen von alleine ab und sind ein guter Wundverschluss. Sie schützen vor dem Eindringen von Fremdkörpern.

Das blutverschmierte Fell, besonders bei Hunden oder Katzen, kann später gereinigt bzw. abgewaschen werden.

Betreuung

Ihr Blutegeltherapeut/in sollte jederzeit erreichbar sein. Deshalb lassen Sie sich die Kontaktdaten geben.

Kontaktieren Sie ihn/sie bei nicht einzuordnenden Beschwerden Ihres Tieres umgehend.

Kontraindikationen

Blutarmut

Da der Blutegel auch einem „Aderlass" gleichzusetzen ist und die Bissstelle bis zu 36 Stunden nachbluten kann, ist hier aus gesundheitlichen Gründen <u>stark</u> abzuraten. Es kann zu lebensbedrohlichen Reaktionen kommen.

Blutgerinnungshemmende Mittel

Sie sorgen für eine Blutverdünnung und verhindern von sich aus schon eine hemmende Wirkung auf die Gerinnung des Blutes. Dadurch wird eine schlechte Wundheilung unterstützt. Eine zusätzliche Blutegelbehandlung würde die Blutverdünnung noch weiter fördern. Das im Blutegelspeichel enthaltene Hirudin verstärkt noch Wirkung der medikamentösen Blutgerinnung. Dadurch dauert die Nachblutung noch wesentlich länger und es kann zu Gerinnungsstörungen kommen. Die Bisswunde würde nicht aufhören zu bluten.

Behandlung **nur** in Absprache mit dem Tierarzt.

Blutgerinnungsstörungen

Da bei einer Blutgerinnungsstörung meist schon demensprechende Medikamente verordnet werden, kann es bei einer Blutegelbehandlung zu vermehrt starken Blutungen kommen, die zu einem Notfall führen. Deshalb ist in diesen Fällen von einer Blutegelbehandlung abzuraten.

Fieber

Fieber schwächt den Körper und somit sollte auch von einer Blutegelbehandlung abgeraten werden, um den Körper nicht noch mehr zu schwächen.

Histamin Allergie

Durch verschiedene Speichelsubstanzen kann es zu allergischen Reaktionen kommen.

Kachexie

Bei einem extrem schlechtem Ernährungs- bzw. Allgemeinzustand eines Tieres sollte man von einer Blutegelbehandlung Abstand nehmen, da diese den Körper, durch den sogenannten „Aderlass“, zusätzlich schwächt.

Leukämie

Blutkrebs (maligne Erkrankung des blutbildenden oder des lymphatischen Systems) ist eine stark vermehrte Bildung von weißen Blutzellen.

Eine Blutegelbehandlung ist in diesen Fällen absolut kontraindiziert. Es ist für das Tier lebensbedrohlich, hier Blutegel anzusetzen.

Magengeschwüre/maligne Tumore

Durch das Anregen der Durchblutung besteht die Gefahr eines Aufbrechens des Magengeschwürs.
Maligne Tumore werden durch die durchblutungsfördernden Substanzen des Blutegels dazu angeregt eine vermehrt Zellteilung durchzuführen. Dies ist in diesem Fall kontraindiziert. Der Tumor weiß nicht, dass er bösartig ist.

Quecksilberhaltige Medikamente

Quecksilberhaltige Medikamente fördern die Blutegerinnung und sollten somit genauso wie Schmerzmittel und Entzündungshämmer betrachtet werden. Heute noch äußerst selten in Gebrauch. Einige quecksilberhaltige Medikamente sind z.B. Desinfektionsmittel (Mercurchrom), verschiedene Augentropfen und einige hoöopathische Komplexmittel. Lymphmittel wie Traumeel, Tonsiotren, Meditonsin, beinhalten Quecksilber

Schmerzmittel

Viele Schmerzmittel enthalten blutverdünnende Substanzen. Da spricht gegen eine Blutegelbehandlung (siehe auch Blutgerinnungshemmende Mittel).
Hierbei handelt es sich um eine relative Gegenanzeige. In Absprache mit dem Tierarzt ist eine begleitende Bluteqeltherapie gerade im Fall eines Reheschubs sehr hilfreich.

Indikationen

Abszesse (z.B. Druse – Streptokokken-Infektion)

Ein Abszess ist eine Infektion, die mit eiterbildenden Bakterien einhergeht. Der Körper ist nicht mehr in der Lage, mit seinem Immunsystem dagegen zu steuern. Zu seinem Schutz bildet er diese Eiterhöhle (Abszess Höhle), damit die Bakterien nicht in den Blutkreislauf gelangen können.

Diese Abszess Höhle wird von der Blutversorgung abgeschnitten. Das involvierte Gewebe stirbt langsam ab.

Läuft der Abszess nicht nach außen ab sondern platzt unkontrolliert nach innen auf, kann dies zu einer Sepsis (Blutvergiftung) führen. Diese kann sich auf den gesamten Körper auswirken und einen lebensbedrohlichen Zustand bewirken. Hier ist dringend eine tierärztliche Behandlung mit Antibiotika notwendig.

Druse

Dies ist eine hoch ansteckende Pferdeerkrankung (meldepflichtig). Sie wird durch das Bakterium Streptococcus equi verursacht. Es entsteht eine Schwellung der Lymphknoten im Kopfbereich (Unterkiefer/Ganaschen), die sich als Reaktion auf den Erreger mit Eiter füllen.

Druse ist sehr schmerzhaft. Durch die Schwellung können sich Kehlkopf und Luftröhre verengen, was zur Atemnot führen kann.

Die Anwesenheit eines Tierarztes ist unbedingt notwendig und angezeigt. Eine antibiotische Behandlung ist in diesem Fall absolut notwendig.

Die Blutegeltherapie kann hier nur eine begleitende Therapie sein, die zusätzlich angewendet werden kann.

Was bewirkt der Blutegel?

Durch den Biss des Blutegels an der, durch die Entzündung erwärmte Stelle, kann dann der Eiter durch die Nachblutung mit abfließen. Der venöse und lymphatische Fluss wird gesteigert. Die Nachblutung reinigt das Gewebe, die Schwellung geht zurück und der Patient verspürt eine spontane Erleichterung. Durch die entzündungshemmenden und antibakteriellen Stoffe im Speichel des Egels werden weitere Infektionen verhindert.

Die Anzahl der Blutegel ist von der Größe des Abszesses abhängig und wird von Fall zu Fall entschieden.

Die Blutegel werden, im Fall der Größe bis zu einer Haselnuss (2-3 Stück), direkt auf den Abszess gesetzt. Sollte der Abszess einen größeren Umfang messen, werden die Blutegel zusätzlich noch um den Abszess herum angesetzt (4-10 Stück).

Arthritis /Arthrose (z.B. Spat, Schale)

Eine Arthritis ist eine Gelenkentzündung durch Reizung oder Fehlbelastung, Gliedmaßenfehlstellungen oder auch verursacht durch Traumata.

Eine Arthrose ist eine chronische Gelenkentzündung, z.B. Spat, Krongelenks Schale.

Spat

Eine akute Entzündung der Gelenke, Knochen und ggf. auch der Knochenhaut des Sprunggelenks. Kommt es zu einer chronischen Form führt dies zur Versteifung des Sprunggelenks.

Spat entsteht am inneren unteren (dorsomedialen) Teil des Sprunggelenks. Hier sollten auch die Blutegel angesetzt werden.

In der Regel suchen sich die Blutegel ihre Position selber. Hier kann man ihnen vertrauen, da sie genau spüren, wo der Entzündungsprozess am schlimmsten ist.

Durch das nasskalte Wetter treten die Schübe im Herbst/Winter eher auf als im Sommer, wenn es warm und trocken ist. Dadurch sind Blutegelbehandlungen in dieser Jahreszeit häufiger durchzuführen.

Sollte sich der Spat Schub auf beide Sprunggelenke beziehen, wird zuerst das schlimmere Bein behandelt. Einen Tag später wird dann das zweite Bein behandelt.

Mit dem behandelten Pferd sollte 2-3 Tage danach nur leicht gearbeitet werden.

Krongelenksschale

Besonders bei Sportpferden kann es durch einmalige oder sich wiederholende Traumen von Gelenkkapsel oder Gelenkbändern zu Knochenzubildungen sowohl im oberen Bereich (proximal) des Kronbeins als auch im unteren Bereich (distal) des Fesselbein kommen.
Man nennt dies auch „hohe Schale“. In chronischen Fällen kommt es zur Brückenbildung oder zur Versteifung des Gelenkes.

Was bewirkt der Blutegel?

Blutegel wirken in erster Linie schmerzlindernd und entzündungshemmend. Die Wirkstoffe im Speichel helfen den Verknöcherungsprozess zu beschleunigen und den Stoffwechsel des Gelenkes wieder anzuregen. Somit vergeht der Arthrose

Schub schneller und das Pferd muss weniger Schmerzen erleiden.

Ataxie (Störungen der Bewegungskoordination)

Eine Störung im Bewegungsablauf wird als Ataxie bezeichnet. Das Pferd läuft ataktisch – also nicht im Takt. Die Koordination ist gestört.

Ataktische Bewegungsstörungen, die nicht in den Bereich der spinalen Ataxie fallen, können durch Traumen, Blutergüsse, Stürze, arthritische Veränderungen, Blockaden HWS, LWS, Subluxationen in der HWS (Wobbler-Syndrom) hervorgerufen werden.

Fütterungsfehler in jungen Jahren wie z.B. zu viel Eiweiß, das ein zu schnelles Wachstum hervorrufen kann, kann in späteren Jahren zu einer Ataxie führen.

Bei einer spinalen Ataxie kommt die Bewegungsstörung aus dem Rückenmark. Das Rückenmark ist geschädigt und somit liegt auch eine Schädigung der empfindlichen Nervenbahnen zugrunde.

Diese kann durch Vireninfektionen wie z.B. das Equine-Herpes-Virus (EHV-1), aber auch durch bakterielle Infektionen wie Borrelia Burgdorfer (Borreliose) hervorgerufen werden, Diese greifen nicht nur das Gehirn an, sondern können auch auf das Rückenmark übergreifen.

Was bewirkt der Blutegel?

Durch das Ansetzen der Blutegel wird eine bessere Durchblutung angeregt. Diese wiederum hat eine positive Wirkung auf Blutergüsse, Traumata, arthritischen Veränderungen.

Der Blutegel hat zusätzlich eine schmerzlindernde Wirkung und eine positive Wirkung auf die Nervenfasern. Verschiedene Inhaltsstoffe in seinem Speichel fördern das Nervenwachstum.

Bei einer spinalen Ataxie wird eine Blutegeltherapie keine erhebliche Besserung hervorgerufen.

Wo setzt man ihn an?

Am besten an der Stelle, wo die Ataxie herrührt. Sollte es sich um eine traumatische Verletzung in der HWS handeln, werden die Blutegel an der Halswirbelsäule angesetzt.

Sollte es sich um ein Überschlagstrauma handeln, eher im BWS – LWS –Bereich.

Druckstellen (Sattel-, Gurtdruck, Geschirrdruck, zu große Decken, welche am Widerrist reiben)

Druckstellen, ob nun durch Sattel, Gurtung oder durch das Geschirr, entstehen immer, wenn etwas nicht passt/scheuert/drückt.

Bei einem nichtpassenden Sattel entstehen bei zu viel Druck schweißlose Stellen. Es fehlt die Luftzirkulation. Der ausgeübte Druck kann bis zu einer Atrophie (Rückbildung) des Muskels führen.

Eine zu starke Gurtung führt dazu, dass die Versorgung der Vorderbeine durch Nervenreize und Blutversorgung nachlässt. Das Pferd fängt an zu stolpern, reißt Hindernisse mit dem Vorderbein und auch der Raumgriff leidet. Hier sollte man als erstes die Gurtung soweit lösen, dass sich die Durchblutung wieder verbessert und die Nervenreize wieder stattfinden können.

Im fortgeschrittenen Stadium entwickeln sich die Druckstellen zu ausgeprägten Knoten und werden schmerzhaft. Die Folge, sie werden haarlos und eröffnen sich.

Spätestens jetzt ist der Zeitpunkt gekommen, um das Pferd vor Sattel, Gurt, Geschirr usw. zu schonen, damit wieder eine Heilung eintreten kann.

Was bewirkt der Blutegel?

Der Blutegel sorgt für eine gute Durchblutung, wirkt schmerzlindernd und entzündungshemmend. Er sorgt dafür, dass ein schon in Mitleidenschaft gezogener Muskel wieder besser durchblutet wird.

Ich möchte hier darauf hinweisen, dass die Chancen, einen atrophierten Muskel wieder in Ordnung zu bringen, sehr schlecht bis nahezu unmöglich sind.

Euterentzündungen (Mastitis)

Unter Mastitis versteht man eine bakterielle Entzündung des Gesäuges. Sie gehört zu den Faktorenkrankheiten. In diesem Fall müssen Tier-, Stall-, Fütterungs- und auch das Herdenmanagement geprüft werden.

Was bewirkt der Blutegel?

Blutegel wirken antibakteriell, entzündungshemmend, durchblutungsfördernd, lymphstromanregend, abschwellend, schmerzlindernd und entstauend.

Hier sollte man besonders darauf achten, wie das Tier auf die Blutegelbehandlung reagiert. Ist es nur möglich einen Blutegel anzusetzen, sollte die Behandlung öfters wiederholt werden. Sollten es dann 3-4 Egel sein, wird eine Wiederholung erst nach einer Woche empfohlen.

Dieser Abstand ist notwendig, um die Besserung festzustellen.

Ekzeme (Sommerekzeme, Mauke)

Die Sommerekzeme sind eine allergische Hauterkrankung mit erblicher Komponente. Die allergische Reaktion wird durch den Speichel des stechenden Insektes wie z.B. die Kribbelmücken, hervorgerufen. Es betrifft meist Schweifrübe oder Mähnenkamm. Die Bauchnaht kann hier mitbefallen sein.

Mauke

Ist eine bakterielle Hautentzündung in der Fesselbeuge des Pferdes. Meist bei Pferden mit langem Behang (Kötenbehang), medizinisch auch als Fesselekzem bezeichnet.

Meist auftretend in den Wintermonaten durch Nässe, Urin und mechanische Irritationen. Die Wunden sind in der Regel stark juckend. Es bildet sich ein übel riechendes Sekret. Unbehandelt kann es chronisch werden und zu einer starken Verdickung der Haut im betroffenen Bereich kommen, was zu Bewegungseinschränkungen führt.

Was bewirkt der Blutegel?

Die antibakterielle Wirkung des Blutegels wirkt juckreizlindernd, durchblutungsfördernd, abschwellend und somit schmerzlindernd. Besonders wirkt er sich positiv auf die Bewegung aus.

Erkrankung des Bänder- und Sehnenapparates (Tendinitis, Tendovaginitis, Fesselträgerentzündung, Kreuzbandbeschwerden, Patella Luxation)

Tendinitis

Entzündung einer Sehne oder eines Muskel-Sehnen-Ansatzes. Meist handelt es sich um die Entzündung der Beugesehne nach starkem Zug, eine durch Überdehnung hervorgerufene Entzündung.

Tendovaginitis

Eine Tendovaginitis ist eine Sehnenscheidenentzündung. Akut handelt es sich um eine Entzündung, welche z.B. durch Vertreten, Überbelastung oder durch stumpfen Schlag bzw. Quetschung hervorgerufen wurde.

Eine Tendovaginitis wird chronisch, wenn die akute Entzündung nicht vollständig ausgeheilt ist.

Kreuzbandverletzungen

Siehe auch: Bänder- Sehnenproblematik.

Lymphatische Stauungen

Lymphatische Stauungen im Gewebe können auf eine Dysfunktion im jeweiligen Bereich hinweisen.

Es können sogenannte Lymphödeme entstehen. Flüssigkeit staut sich in den Lymphbahnen. Der Transport der Lymphe ist gestört. Der betroffene Bereich schwillt an. Siehe hierzu auch den Abschnitt „Phlegmone".

Lymphatische Stauungen im Bereich des Beckens/Euters/Schlauchs können zu einer Behinderung/Blockade der Rückentätigkeit führen und somit auch eine Ursache dafür sein, wenn dem Pferd der gewohnte Schub aus der Hinterhand fehlt.

Der Ductus thoracicus ist ein großes Lymphsystem, dass beim Pferd tgl. ca. 24 – 36 Liter Lymphe in das Venensystem drainiert. Die Aktivität wird durch die Druck-Saug-Pumpe des Zwerchfells beeinflusst. Jede Beschränkung des Zwergfells zieht somit eine Behinderung der lymphatischen Drainage der Hinterhand und des Bauchraums nach sich.

Lumbago (Kreuzverschlag)

Unter einem Kreuzverschlag versteht man eine Muskelstoffwechselstörung. Die Hinterhand wird steif und der Schritt verkürzt sich (Wegknicken der Hinterhand). Ursache dafür ist eine stark verspannte und harte Muskulatur. Das Pferd fängt stark zu schwitzen an. Der Harn verfärbt sich braunrötlich. Man kann es auch Belastungsmyopathie, Feiertagskrankheit nennen.

Was bewirkt der Blutegel?

Durch das Ansetzen des Blutegels erzeugt man einen relativen Aderlass. Durch die blutverdünnende Wirkung und das Nachbluten, welches bis zu 36 Stunden dauern kann, kommt es zu einer Entspannung der Muskulatur.

Myogelosen und Myopathie (Muskelverhärtung, -leiden, -schmerz)

Myogelosen (Verhärtungen des Muskels), Myopathien (Muskelerkrankungen) sind meist schmerzhafte Muskelverhärtungen, die durch Stoffwechselveränderungen oder auch durch eine Entzündung der Muskulatur (Übersäuerung der Muskelstoffwechselprodukte) hervorgerufen werden. Diese Myogelosen nennten man auch Trigger Points oder Stresspunkte.

Was bewirkt der Blutegel?

Der Blutegel wirkt auf die Beschwerden schmerzlindernd, entzündungshemmend und durchblutungsfördernd.

Nervenentzündungen

Nervenentzündungen entstehen durch Druckeinwirkung auf den jeweiligen Nerv bei Bandscheibenvorfällen, traumatische Nervenentzündung z. B. nach einem Unfall, durch eine Infektion – Borna-Borreliose-Herpes oder auch einer Mangel- oder Fehlernährung.

Was bewirkt der Blutegel?

Durch sein entzündungshemmendes und schmerzlinderndes Sekret wirkt er positiv auf die Nervenfaser und das Nervenwachstum.
Bei Nervenentzündungen, die durch einen Virus hervorgerufen wurden, ist eine Blutegelbehandlung nicht angebracht.

Muskelatrophie

Eine Muskelatrophie (Muskelschwund) ist eine Zurückbildung des Muskels durch Krankheit, durch Nichtbelastung aber auch durch nichtpassendes Equipment wie z.B. Sattel, Geschirr, etc.

Was bewirkt der Blutegel?

Der Blutegel wirkt durchblutungsfördernd. Eine ausgebildete Atrophie (Zurückbildung des Muskels) kann auch durch eine Blutegelbehandlung **nicht** (!!) reaktiviert werden

Narbenproblematik

Narbenprobleme entstehen durch Blockaden, durch Verklebungen, Durchblutungsstörung der Narbe und dem umliegenden Gewebe oder auch postoperativ.

Was bewirkt der Blutegel?

Durch die durchblutungsfördernde Eigenschaft des Blutegelsekretes lösen sich die Verklebungen, die Durchblutung wird verbessert, auch des umgebenden Gewebes. Einer Narbenstörung kann man mit einer Blutegelbehandlung vorgreifen. Es erfolgt eine bessere Heilung der Narbe.

Nüstern Warzen

Nüstern Warzen sind meist bei Jungpferden zwischen 6 Monaten und 3 Jahre zu beobachten. Normalerweise fallen sie meist nach 3 Monaten von selbst ab.

Ob hier eine Behandlung mit Blutegeln dringend erforderlich ist sollte man überlegen. Nüsternwarzen sind nicht verwandt mit dem Equinen Sarkoid. Bei dem Befund einen Equinen Sarkoid würde ich von einer Blutegeltherapie abraten. Es handelt sich hier um eine Virusinfektion aber auch um einen gutartigen Tumor. Der Blutegel könnte hier das Tumorwachstum fördern.

Phlegmone (Einschuss)

Unter Phlegmone versteht man eine großflächige Entzündung des Unterhaut-Bindegewebes und der Lymphgefäße. Es tritt eine starke Schwellung ein und einer starken Schmerzhaftigkeit der Gliedmaße.

Hervorgerufen werden kann eine Phlegmone durch kleinste Verletzungen. Dies kann den Eintritt von Keimen und Bakterien ermöglichen. Es kommt meist zu einer eitrigen Entzündung. Das Pferd kann durch eine Phlegmone auch Fieber bekommen. Meist sind die Gliedmaßen betroffen.

Phlegmonenn können aber auch in anderen Bereichen auftreten. Bei einer fieberhaften, eitrigen Phlegmone ist eine Zusammenarbeit mit dem Tierarzt ratsam.

Was bewirkt der Blutegel?

Das Blutegelsekret regt den Lymphabfluss an, wirkt entzündungshemmend, abschwellend, antibakterizid sowie schmerzlindernd, da der Blutegel auch schmerzlindernde Substanzen aus seinem Speichel abgibt.

Rekonvaleszenz nach Chip-OP

Unter Rekonvaleszenz nach Chip-OP versteht man, dass das Tier wieder zu Kräften kommt, dass es sich erholt von der Operation, es wieder stark wird. Die Blutegeltherapie kann die Rekonvaleszenzzeit positiv unterstützen. Allerdings sollte man das Pferd genau beobachten, ob es nicht zu sehr geschwächt ist. Dann wäre eine Blutegeltherapie auf einen späteren Zeitpunkt zu verschieben.

Was bewirkt der Blutegel?

Durch die entzündungshemmende, schmerzlindernde, abschwellende und immunisierende Wirkung seines Sekretes wird die Heilung gefördert und unterstützt. Die Heilung erfolgt durch die verbesserte Durchblutung. Dadurch wird auch die Kallus-Bildung gefördert.

Fesselträgerentzündung

Der Fesselträger spannt das Fesselgelenk und wird bei der Übernahme der Körperlast am meisten in Anspruch genommen. Ursachen hierfür können Fehlstellung nach Hufbearbeitung und Überbelastung sein (z.B. im Springen, Rollkur).

Patella Luxation

Es gibt verschiedene Verlagerungen der Kniescheibe:

Eine sich nach oben verlagerte Kniescheibe bezeichnet man auch als hakende Kniescheibe. Dies tritt meist im jugendlichen Alter (2-3Jahre) auf.

Bei einer seitlichen Verlagerung der Kniescheibe nach außen – meist dauerhaft – springt die Kniescheibe nicht mehr zurück.

Bei Shetlandponys ist dies meist angeboren (Erbkrankheit), bedingt durch eine angeborene Bänderschwäche.

Was bewirkt der Blutegel?

Es erfolgt eine bessere Durchblutung. Eine Schmerzlinderung tritt durch das Abschwellen des Gewebes ein. Dies wiederum wirkt Faserverklebungen entgegen bzw. löst diese auf.

Sehnenschäden sollten immer durch Ultraschallbehandlungen begleitet werden. Man kann nur durch einen Ultraschall der Sehnen das Ausmaß des Schadens und den Fortschritt der Heilung erkennen.

Furunkel

Ein Furunkel ist ein schmerzhafter, eitriger Knoten, der sich an einem bakteriell infizierten Haarbalg bildet. Sie können grundsätzlich überall dort entstehen, wo Haare auf der Haut sind.

Was bewirkt der Blutegel?

Ein frühzeitiges Ansetzen in ausreichender Menge (2-5 Stück je nach Größe) wird hier empfohlen. Der Blutegel wirkt entzündungshemmend, antibakterizid. Durch seinen Biss öffnet er den Knoten, so dass der Druck und die Spannung sich auflösen können. Die Schmerzhaftigkeit lässt sofort nach.

Gallen (Gelenkgallen, Piep Hacken, Nackenbeule etc.)

Gallen sind kleine rundlich geformte Verdickungen an den Gelenken, Sehnenscheiden oder den Schleimbeuteln. Sie entstehen durch

- Überbelastung beim Reiten,
- einem Tritt durch ein anderes Pferd,
- einen gestörten Abtransport von Stoffwechselprodukten des Körpers,
- vermehrtes Reiten auf knallharten Böden,
- zu frühe Nutzung und Belastung junger Pferde,
- Fütterungsfehler bzw. auch
- zu wenig Bewegung,
- Fehlbelastung,
- falsche Hufstellung.

Es handelt sich um vermehrte Bildung von Synovia (Gelenkflüssigkeit), die durch Reizung der oben genannten Ursachen gebildet wird. Es kommt zu einer Ausbuchtung der Gelenkkapsel, des Schleimbeutels der Sehnenscheidewand, die sich nur dahin ausdehnen können, wo keine Sehnen und Bänder dies behindert. Jede Galle signalisiert, dass im Gelenk oder den anderen betroffenen Strukturen etwas nicht stimmt.

Was ist eine Piephacke?

Eine Piephacke kann durch ein Anschlagstrauma des Calcaneus (Fersenhöcker) hervorgerufen werden. Sie ist nicht infektiös. Es handelt sich aber meist um eine Entzündung des Schleimbeutels. Hier kann es auch zu kleinen Absplitterungen kommen, die dann operativ entfernt werden sollten.

Eine sofortige Maßnahme ist angeraten, um eine Verbesserung herzustellen. Eine unbehandelte Piephacke bildet sich unter Umständen nicht mehr zurück.

Was ist eine Nackenbeule/Genickbeule?

Eine Genickbeule entsteht durch eine Überreizung der Schleimbeutel am 1-2 Halswirbel (Bursitis nuchalis). Die Schleimbeutel liegen jeweils unter dem Nackenband. Durch eine Überstreckung des Nackenbandes (Rollkur) können diese gereizt werden und sich entzünden.

Eine Genickbeule kann auch durch Anschlagstraumen wie z.B. ins Halfter hängen/springen, steigen und anschlagen an einer Begrenzung wie Türe oder Tor usw. entstehen.

Eine nicht ausgeheilte Genickbeule entzündet sich immer wieder bei kleinstem Druck und bei der kleinsten Reizung. Der Schleimbeutel steht immer auf „Alarmbereitschaft“

Die Pferde mit einer akuten Genickbeule sollen vorerst ohne Druck im Genick bewegt werden.

Eine chronische Genickbeule behindert das Pferd auf Dauer in der Ausbildung, da eine Reizung auf den Schleimbeutel durch das angespannte Nackenband nicht auszuschließen ist.

Was bewirkt der Blutegel?

Der Blutegel wirkt entzündungshemmend und schmerzlindernd. Ein Schleimbeutel enthält nur wenig seröse Flüssigkeit. Eine Reizung bewirkt eine Ansammlung von Blut, womit der Schleimbeutel sich füllt. Sollte die Reizung nicht nachlassen kann sich der Schleimbeutel infizieren und bis hin zu einer eitrigen Schleimbeutelentzündung führen.

Der Blutegel sorgt für einen abflachenden Umfang und nimmt somit auch den Druck aus dem Schleimbeutel.

Bei einer infizierenden bzw. eitrigen Schleimbeutelentzündung wirkt der Blutegel antibakteriell. Auf längere Sicht und auch längerer Behandlungsdauer kann es zu einer Ausheilung führen. Hierbei ist wichtig, möglichst frühzeitig mit der Behandlung zu beginnen.

Hautveränderungen aller Art

Hautveränderungen können infektiös oder auch nicht infektiös sein. Eine Kombination aus beiden ist nicht auszuschließen.

- **Infektiös:**
  Pilzerkrankungen, Parasitosen (Haarlinge, Räudemilben, Schuppenmilbe, Saugmilbe)

- **Virusinfektionen:**
  Pappilomatose (Nasenwarzen)

- **Bakterielle Infektionen:**
  Hautveränderungen in Folge von Verletzungen, die dann zu Fisteln, Geschwüren und Abszessen führen.

- **Nicht infektiös** sind Verletzungen der Haut durch Schnitte, Verätzungen, Erfrierung oder Verbrennungen, sowie Hauterkrankungen allergischen Ursprungs.

- **Tumore der Haut:**
  Equines Sarkoid, Melanome (Schimmelmelanome) dürfen nicht mit Blutegel behandelt werden. Es handelt sich um „bösartige“ Tumore und sie würden durch die Therapie vermehrt streuen.
  Ein Equines Sarkoid fällt unter „gutartige“ Hauttumore. Hier rate ich davon ab, eine Blutegeltherapie durchzuführen.

Was kann der Blutegel bei Hautveränderungen bewirken?

Blutegel dürfen nicht auf tumorartiges Gewebe gesetzt werden. Es könnte eine Verschlechterung des Tumorgewebes eintreten. Durch eine Blutegeltherapie könnte er weiter wuchern, ausbrechen oder streuen, was in diesem Fall kontraproduktiv ist.

Im Gegensatz hierzu kann der Blutegel aber durch seine positiven Eigenschaften seines Sekretes auf alle anderen Hautveränderungen angesetzt und angewendet werden.

Huferkrankungen (z.B. Rehe, Hornfäule, Hufkrebs)

Was ist Rehe?

Als Hufrehe bezeichnet man eine Entzündung der Huflederhaut. Nicht mehr und nicht weniger. Es ist also das Spezialgewebe, das im Bereich der Seitenwände des Hufbeins für die Aufhängung des Pferdegewichtes in der Hornkapsel sorgt. Dieses ist überlastet. Es folgt vom Körper als Reparaturversuch eine Entzündung. Das bedeutet zunächst einen lokal erhöhter Stoffwechsel, um das Gewebe zu regenerieren. Es macht also Sinn, die Ursache für diese Entzündung zu verstehen, um dem Pferd anschließend durch die Behandlung zu helfen.

Ursachen für eine Hufrehe können sein:

- Die Stoffwechselerkrankungen EMS (Equine Metabolische Syndrom – bei übergewichtigen Pferden - oder durch Cushing – ausgelöst durch einen Tumor an der Nebennierenrinde).
- Vergiftungen durch Kohlehydrate, Sepsis (Blutvergiftung), durch Infektionen oder Darmentzündungen/Koliken oder diverse Giftstoffe
- Mechanische Auslöser – Belastungsrehe

Infos: www.equivetinfo.de/html/stoffwechselerkrankungen.html

Eine Rehe wird nach 72 Std. subakut (chronisch). Dies erklärt, warum ein Reheschub innerhalb der ersten 24 Stunden mit Blutegeln behandelt werden sollte und somit auch die besten Erfolge in dieser Zeit verzeichnet.

Einer Studie zeigt, dass der Einsatz von Blutegel gerade in den akuten Fällen zu einer Verbesserung führt und sinnvoll ist. (Bundesweite Studie der DHG e.V., veröffentlich durch den Sonntag-Verlag, „Zeitschrift für Ganzheitliche Tiermedizin 2010“, www.thieme-connect.de/DOI/DOI?10.1055/s-0029-1240750.)

Die Erkrankung kann in vier Stadien eingeteilt werden:

1. Kurzer Gang: Im Stand schnelle und häufig wechselnde Belastung.
2. Charakteristischer Rehegang: Läuft noch freiwillig, Füße können noch aufgenommen werden.

3. Geht nur noch widerwillig: Füße kaum noch möglich aufzunehmen, liegt häufig.

4. Bewegt sich nicht mehr spontan.

Hornfäule

Fäulnisprozesse, die den Huf betreffen, werden als Hornfäule bezeichnet (Bakterien greifen das Horn an). Es kommt zu Fäulnis und Zersetzung.

Hierzu gehört z.B. auch die bekannte Strahlfäule, Befall der Hornwand und der weißen Linie.

Hufkrebs

Die Definition im Anatomiebuch Adams Lahmheiten:
Hufkrebs ist eine chronische Hypertrophie (Gewebsumfangvermehrung) der hornbildenden Gewebe des Hufes, welches einen oder alle vier Hufe betreffen kann. Ursachen können sein, dass Pferde im Schlamm oder mit Urin und Mist durchtränkten Einstreu stehen und die Hufpflege vernachlässigt wird.

Im Wunderwerk Huf von Dr. Tina Gottwald:
Die Hornproduktion ist dauerhaft stark gestört. Die Lederhäute entwickeln eine abnormale Struktur – das Horn verhornt nur unvollständig. Es ist also kein „Krebs“ im Wortsinne, d.h. nicht auf unkontrollierte Zellteilung zurückzuführen.

Symptome sind abnormal geformte Strahl- und Ballenbereiche, borkige Kronränder und Hornbereiche. Bei den leichtesten Berührungen kann es zu Blutungen kommen.

Was bewirkt der Blutegel?

Dadurch, dass es sich hierbei nicht um „Krebs“ im Wortsinne handelt, können die Blutegel zum Einsatz kommen.

Da die Folge des Hufkrebses eine schlechte Durchblutung nach sich zieht, haben die Blutegel hier ihren richtigen Einsatz. Sie wirken durchblutungsfördernd, schmerzlindernd. Hinzu kommen die antientzündliche Wirkung und die Aktivierung der körpereigenen Heilungskräfte, die wiederum angeregt werden.

Einsatz beim Hufkrebs: Am Ballen jeweils einen mittleren Blutegel

Hufrollenproblematik (Podotrochlose, -itis)

Eine Podotrochlose ist eine Hufrollenentzündung/-nekrose. Eine entzündliche, degenerative Veränderung im Bereich der Hufrolle (die sich aus dem unterem Teil der tiefen Beugesehne, dem Schleimbeutel der Hufrolle und des Strahlbeins zusammensetzt). Diese haben gemeinsam mit dem Strahlkissen eine stoßdämpfende Wirkung beim Auffußen.

Sie kann durch die Nutzung als Reitpferd entstehen. Besonders bei der Landung nach dem Sprung und in engen Wendungen kann es zu einer Überbelastung gerade beim Jungpferd kommen. Auch Fehlstellungen können diesen Prozess auslösen.

Pferderassen: Warmblüter, Vererbung.

Es kommt zu einer Durchblutungsstörung des Strahlbeins, Abnutzungserscheinungen und einer knöchernen Zubildung am Strahlbein sowie an den Bandansätzen. Es entsteht ein erhöhter Druck im Hufgelenk.

Was bewirkt der Blutegel?

Der Blutegel wirkt durchblutungsfördernd, schmerzlindernd, antientzündlich.

Insektenstiche infektiös

Durch Insektenstiche dringen Krankheitserreger in den Körper. Es kommt zu einer Wundinfektion. Es können Rötungen, Schwellungen, Schmerzhaftigkeit auftreten.

Was bewirkt der Blutegel?

Der Blutegel wirkt antientzündlich, entzündungshemmend, abschwellend, schmerzlindernd.

Stollenbeulen

Was sind Stollenbeulen, Ellbogenbeule oder auch Liegebeulen? Sie entstehen durch Liegen auf harten Boden oder Reibung der Hufeisen beim Liegen. Es entwickelt sich eine Flüssigkeitsansammlung, die durch eine Blutegeltherapie gut behandelt werden kann. Hier sollte man aber mehrere Behandlungen einplanen. Es wird nicht nur die Flüssigkeitsansammlung behandelt, sondern auch die Gewebetaschen werden dazu bewegt, sich zurück zu bilden. Dies ist notwendig, damit sie sich nicht wieder füllen.

Wirbelsäulenerkrankungen (Spondylose, Kissing Spines)

Eine Spondylose ist eine krankhafte Verknöcherung der Wirbelkörper (untere Seite der Wirbel), meist im Lendenwirbel--Bereich. Dies kann sich auch bis zur Brustwirbelsäule ausbreiten.

Eine Spondylose ist während der Schübe schmerzhaft. Die Gefahr, dass es zu Bandscheibenvorfällen kommt, ist sehr hoch. . Sobald die Verknöcherung abgeschlossen ist, ist das Tier schmerzfrei. Die Bewegung ist allerdings dadurch sehr eingeschränkt.
Es besteht keine Möglichkeit der Extension/Flexion der Wirbelsäule mehr. Auch die Biegung ist hierbei stark eingeschränkt bis hin zu unmöglich.

Zusätzlich muss man damit rechnen, dass es zu Verengung der Nervenkanäle und es hier zu Ausfallerscheinungen kommen kann.
Unter dem Kissing Spines versteht man eine Verknöcherung der Dornfortsätze (oberer Teil der Wirbel). Sie stehen entweder schon angeboren zu stark zueinander, sind durch Traumen oder durch „falsches" Reiten nähergebracht worden. Bei einer starken Extension der Brustwirbel reiben die Dornfortsätze aneinander und es kommt vorerst zu Entzündungen. Bei weiterem Fortführen entsteht eine Art der Arthrose bis hin zur Verknöcherung.

Was bewirkt der Blutegel?

Durch sein entzündungshemmendes, schmerzlinderndes Sekret wird die Bildung des Kallus gefördert. Unter verschiedenen Gesichtspunkten wirkt sich dies positiv auf die Zeit des Verlaufes aus.

Wundheilungsstörungen

Wann kommt es zu Wundheilungsstörungen?

Es gibt verschiedene Faktoren, die zu einer Wundheilungsstörung führen können. Hierunter fallen z.B. die Verschmutzung, Quetschung oder auch durch postoperative Wunden, die entstehen können, wenn die Fäden zu schnell gezogen worden sind.

Eine zu große Wunde kann der Körper allein nicht schnell genug schließen.
Hier kommt die Blutegeltherapie zum Einsatz.

Was bewirkt der Blutegel?

Der Blutegel sorgt für eine bessere Durchblutung. Dies regt die Bildung neuer Zellen an, die dann dem Körper beim Verschließen der Wunde unterstützen und so einen großer Beitrag bei der Wundheilung leisten.

Zusätzlich wirken sie entzündungshemmend, schmerzlindernd und dämmen den Juckreiz bei der Heilung ein.

Venöse Stauungen (Thrombose, Thrombophlebitis)

Eine venöse Stauung kann durch ein Blutgerinnsel verursacht werden.

Chronische Stauungen können beim Pferd gerade im Hals-, Kopfbereich auftreten, erkennbar durch die Schwellung im Bereich der Drosselrinne oder Schwellung im Kopfbereich

Was bewirkt der Blutegel?

Die Biebertaler Blutegelzucht beschreibt es wie folgt:

Wissenschaft und Pharmaindustrie haben seit langem erkannt, welch komplexen und wunderbaren Wirkstoffcocktail die Evolution mit dem Blutegelspeichel hervorgebracht hat, der in geradezu "genialer" Weise in die komplizierte Gerinnungskaskade des Blutes eingreift, Thromben auflöst, Durchblutung und Lymphfluss fördert und entzündungshemmende sowie schmerzreduzierende Wirkung aufweist

Zahn- und Kiefererkrankungen

EOTRH (Equine Odontoclastic Tooth Resorption and Hypercementosis).

Betroffen hierbei sind die Schneide- und Hengstzähne. Die Zahnsubstanz wird aus noch ungeklärter Ursache abgebaut. Der Körper stabilisiert die betroffenen Zähne mit vermehrter Zahnzementablagerung um die Wurzel. Diese Krankheit ist sehr schmerzhaft für den Patienten und bisher besagen die

Studien, dass nur eine komplette Extraktion der Zähne zur Heilung führen kann.

Das Ansetzen von Blutegeln hat in diesem Zusammenhang noch zu keinen positiven Ergebnissen geführt, da bei Erkennen der Krankheit meist der Kieferknochen schon in Mitleidenschaft gezogen ist. Das Pferd müsste für so eine Behandlung sediert werden.

Der Tierarzt sollte die Behandlung befürworten und unterstützen.

Paradentose ist eine bakterielle Entzündung des Zahnfleisches.

Die Blutegeltherapie kann hier wegen ihrer antibakteriellen Wirkung zum Einsatz kommen. Da hier die beste Wirkung erreicht wird, indem man die Blutegel direkt ans Zahnfleisch ansetzt, muss der Tierarzt hinzugezogen werden. Das Pferd sollte sediert werden und es muss ein Maulgatter angebracht werden.

Positive Erfolge sind bisher nur aus der Humanmedizin zu verzeichnen.

Karies entsteht meist durch eine falsche Ernährung und durch Bakterien (meist Streptokokken). Da es sich hier aber um Zahnhartsubstanz handelt ist eine Behandlung mit Blutegeln nicht erfolgreich.

Erfahrungsberichte aus der Praxis

„Chicca“ 1. Erfahrungsbericht

Alter:	11 Jahre
Geschlecht:	Stute
Rasse:	Trakehner/Araber Porzellanschimmel
Vorbefund:	Verdacht auf Anschlagstrauma rechtes Vorderbein, Fesselkopf lateral
Tierarzt:	Ja
Untersuchung:	ohne Befund
Röntgen:	ohne Befund

Therapie und Verlauf:

18.04.2015:

1. Blutegelbehandlung:

3 mittleren Blutegeln wurden angesetzt. Nach dem Abfallen kam es zu starken Nachblutungen von über 12 Stunden. Die Bissstelle schwoll für 1-2 Tage an.

Am 3. Tag kam es zu einem leichten Abschwellen des Anschlagstraumas.

25.04.2015:

2. Blutegelbehandlung:

Da die Reaktion auf die 1. Therapie nicht den gewünschten Erfolg ergab, wurde eine 2 Behandlung angesetzt. Auch hier kam es zu nochmals zu einer Reaktion, die jedoch stärker ausfiel. Es wurde mit dem Besitzer besprochen, dass noch weitere Blutegelbehandlungen notwendig sind.

Die starke Nachblutung führte zu einer stark schuppenden Haut bzw. zu starker Hautreaktion. Aus diesem Grund wurde vorläufig von einer weiteren Blutegelbehandlung abgesehen.

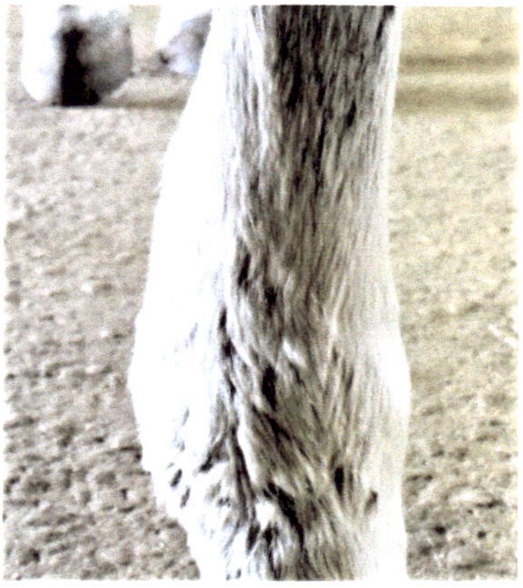 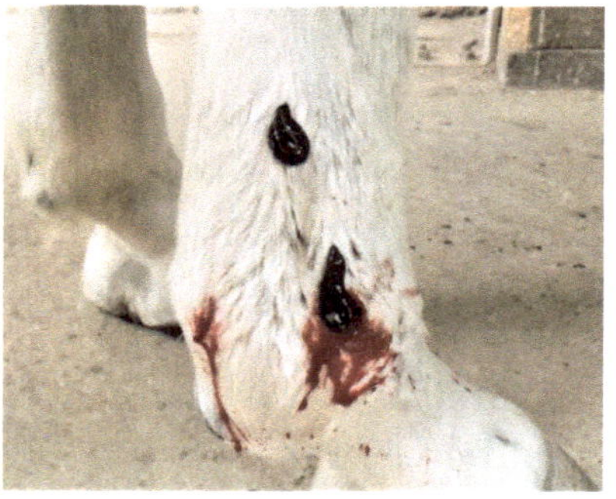

Die Stute war weiterhin lahm frei. Im September sollte die Blutegelbehandlung fortgesetzt werden. Die Schwellung war nur noch gering vorhanden.

Diese ging bis zum 20.11.2015 weiter zurück. Mit der Stute wurde danach in der Woche vermehrt auf dem Zirkel gearbeitet. Es wurde zu früh mit dieser Arbeit angefangen. Das Bein schwoll dadurch wieder an. Es wurde erneut eine Blutegeltherapie durchgeführt.

21.11.2015

3. Blutegelbehandlung:

Das Bein wurde vor der Behandlung ausgemessen. Die Maße

direkt oberhalb des Fesselkopfes rechts	23,0 cm
direkt oberhalb des Fesselkopfes links	21,0 cm
unterhalb der Schwellung rechts	22,0 cm
gleiche Stelle links	22,0 cm
genau an der Schwellung rechts	20,5 cm
gleiche Stelle links	20,5 cm

Es wurden 5 mittlere Blutegel angesetzt. Die Blutegel bissen nicht, wie erwartet, an der Schwellung, sondern an der Beugesehne gegenüber der Schwellung und kurz oberhalb des Fesselkopfes (außen).
Zwei Stunden nach dem Ansetzten fielen die Blutegel nacheinander ab. Auf diese Behandlung folgte eine starke Reaktion. Das Bein schwoll sowohl innen als auch außen stark an!

29.11.2015
4. Blutegelbehandlung:
2 mittlere Blutegel wurden direkt auf die Schwellung außen angesetzt.

12.12.2015
5. Blutegelbehandlung:
4 mittlere Blutegel wurden direkt auf die Schwellung außen angesetzt. Die Stute wurde ab der letzten Behandlung zusätzlich mit LifeWave Patches behandelt. Dieses unterstützte die Blutegelbehandlung mit einem enormen Ergebnis.
Die großflächige Schwellung verkleinerte sich von außen nach innen und wird weicher.

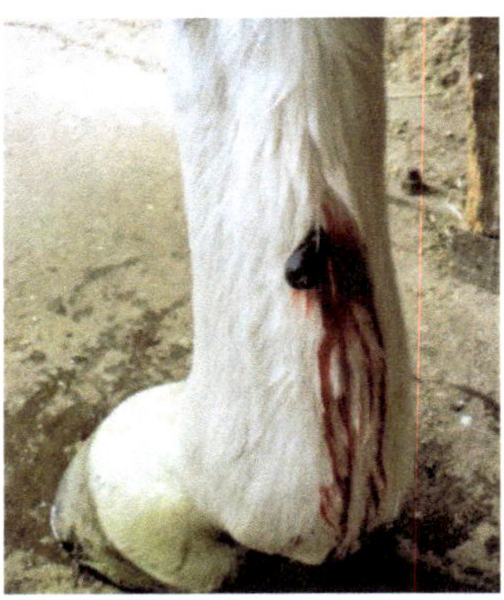

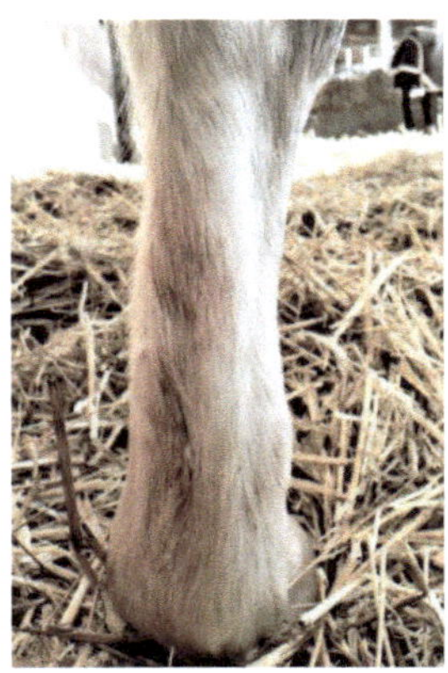

13.12.2015

Das Bein reagiert auf die Blutegelbehandlung wiederum mit einer Schwellung. Trotzdem war zu fühlen, dass die Hauptschwellung sich von außen nach innen weiter auflöste und sich entspannte.

16.12.2015

6. Blutegelbehandlung:

5 mittlere Blutegel wurden angesetzt.

22.12.2015

7. Blutegelbehandlung:

5 mittlere Blutegel wurden angesetzt. Die Schwellung ging massiv zurück. Innen konnte man schon wieder Konturen erkennen. Außen zog es sich mehr und mehr zusammen. Das Röhrbein wurde klarer und die behandelte Schwellung grenzte sich immer weiter ab. Man erfühlte nun den Kern. Es wurde über die Weihnachtszeit LifeWave geklebt und mit Back on Track Gamaschen gearbeitet. Weitere Egelbehandlungen sind im Januar 2016 geplant.

03.01.2016

Messung des Röhrbeins von 22 cm auf 20 cm abgeschwollen.

09.01.2016

8. Blutegelbehandlung:

5 mittlere Blutegel wurden angesetzt. Die Reaktion auf die Blutegelbehandlung war wieder erwartend sehr stark. Das Bein schwoll bis zum Vorderfußwurzelgelenk an und wurde warm. Nach ein paar Tagen war der Erfolg jedoch immens zu sehen. Weitere Unterstützung mit „Back on Track“ Gamaschen folgten. „Chicca“ wurde geritten und auch gearbeitet.

Es wurde festgestellt, dass gerade die Trabarbeit und der Einbau der Galopparbeit sehr dazu beitrugen, den Abfluss zu

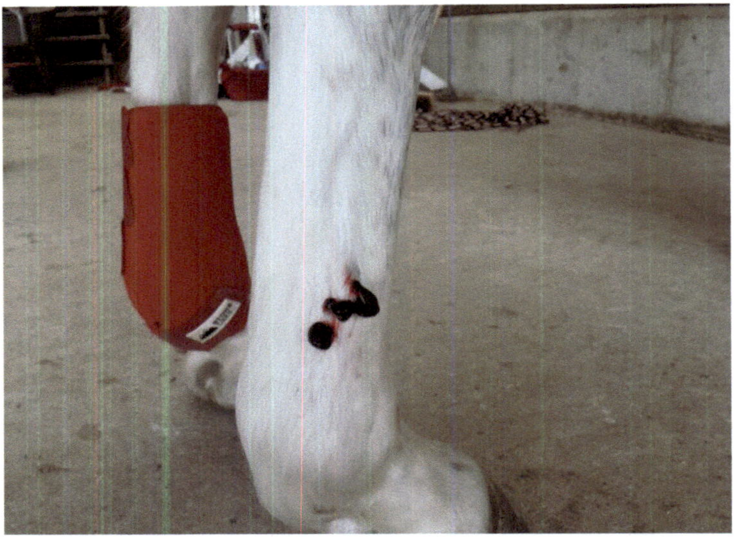

unterstützen. Die Schwellung nahm sehr stark ab. Die Verhärtung konzentrierte sich zunehmend auf den unteren Teil des Röhrbeins.

26.01.2016

9. Blutegelbehandlung:

3 mittlere Blutegel angesetzt. Der lange Abstand wurde absichtlich gewählt, um der Wirkung der Behandlung Zeit zu geben um sich zu entfalten.

09.02.2016

10. Blutegelbehandlung:

3 mittlere Blutegel wurden angesetzt. Nach 30 Minuten waren alle abgefallen. Es kam zu einer starken Nachblutung. Die Schwellung ging stark zurück und befand sich nur noch im Radius von ca. 3 cm.

23.02.2016

11. Blutegelbehandlung:

2 mittlere Blutegel wurden direkt auf die noch vorhandene Schwellung angesetzt.

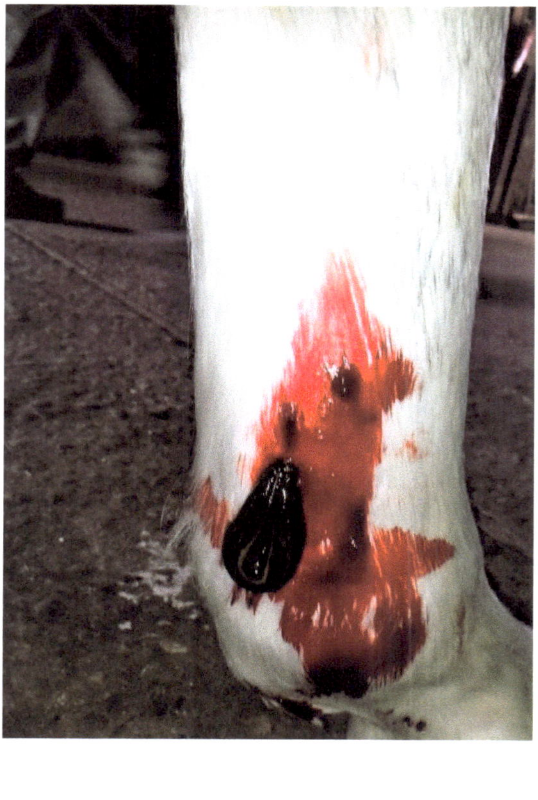

13.03.2016:
Die Behandlung wurde vorerst auf Wunsch des Besitzers eingestellt. Die Schwellung war mittlerweile so stark zurückgegangen, dass man wieder genauere Struktur sah.
Es wurde noch mal eine Behandlung empfohlen.

„Chicca“ 2. Erfahrungsbericht

Vorbefund:	abgekapselte Schwellung, Verdacht auf Trauma/Bluterguss linkes Hinterbein
Tierarzt:	nein

Therapie und Verlauf:
19.10.2015
1. Blutegelbehandlung:
Die Behandlung wurde mit 5 mittleren Egeln begonnen. 2 Blutegel fanden keine passende Stelle. 1 Egel saugte direkt an der Verdickung.

24.10.2015:
2. Blutegelbehandlung:
Diese erfolgt mit 2 mittleren Blutegeln. Diesmal wurde mit einem Blutzuckerstecher aus der Humanmedizin die Schwellung angestochen, um einen direkten Biss der Blutegel zu bewirken. Dadurch war die Behandlung perfekt gelungen – wie auf den Bildern zu sehen ist.

Die Egel füllten sich bei dieser Behandlung sehr schnell. Innerhalb von 30 Minuten fielen beide Blutegel ab und es kam zu einer ca. 12 stündigen starke Nachblutung.

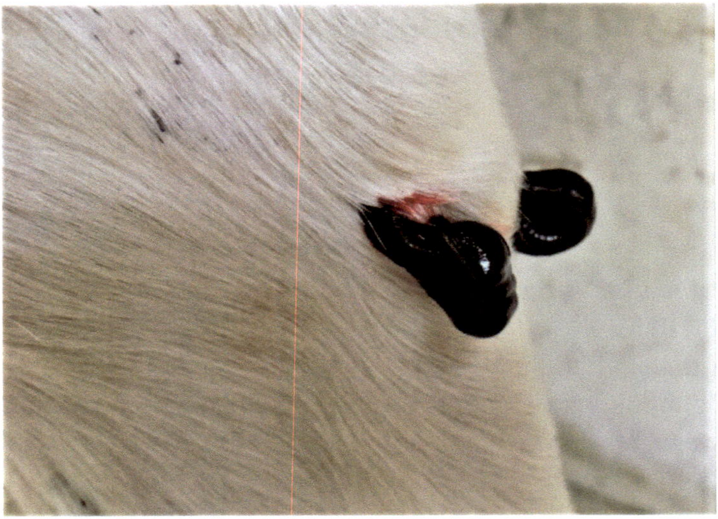

22.11.2015:
Abgeschlossene Behandlung bei Chicca hinten links.

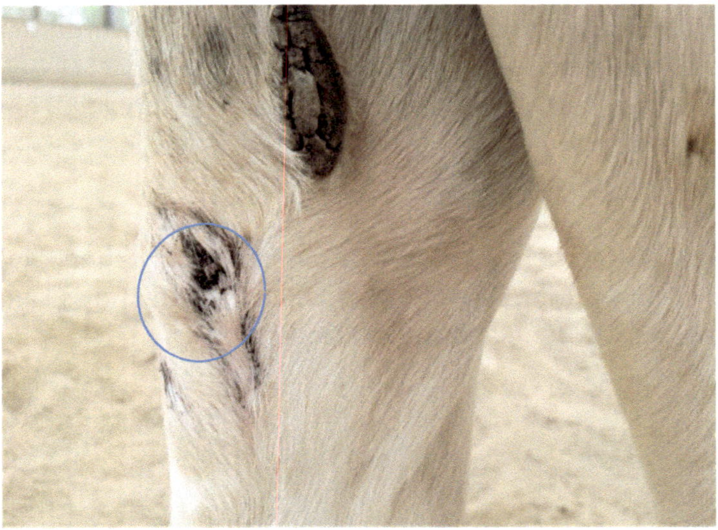

„Donald“ 1. Erfahrungsbericht

Alter:	11 Jahre (damals 9 Jahre alt)
Geschlecht:	Wallach
Rasse:	schweres deutsches Warmblut
Vorbefund:	unklare Lahmheit vorne rechts, Schwellung medial oberhalb des Kronenrandes
Tierarzt:	ja
Röntgenbefund:	12 Röntgenbilder ohne Befund, Schale wurde ausgeschlossen.

Mitte Sept. 2015
Donald wurde durch den Tierarzt therapiert und mit Schmerzmittel und Entzündungshemmer behandelt. Zuerst wurde er gespritzt, anschließend hatte ihm die Besitzerin über das Futter die verordneten Medikamente verabreicht, insgesamt 2 Wochen lang.
Der Wallach war trotz der Gabe von Schmerzmitteln immer noch lahm.

Die Besitzerin setzte jetzt die Blutegeltherapie ein.

Therapie und Verlauf:
13.11.2015:
1. Blutegelbehandlung:
3 mittlere Blutegel wurden genau auf die Schwellung positioniert. Alle Egel setzten sich sofort auf die akute Stelle und fielen nach ca. 2 Stunden übervoll ab. Ein Egel erbrach sich nach dem Abfallen.

17.11.2015:
Es wurde noch eine Akupunktur angewandt. Das Pferd war schon zu 60 % lahm frei. Eine 2. Blutegelbehandlung wurde angeraten.

 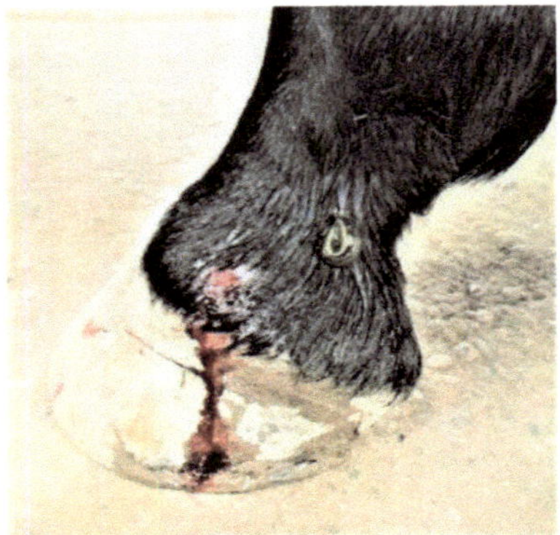

21.11.2015:
2. Blutegelbehandlung:
Das Pferd wurde vorher geritten und ging lahm frei. Es wurden 4 Blutegel angesetzt. 3 Blutegel setzten sich wieder an die Stelle, wo die Schwellung war. Einer setzte sich genau medial ans Krongelenk. Dieser blieb auch bis als letzter sitzen und fiel übersättigt ab.

01.12.2015:
3. Blutegelbehandlung:
Da es Komplikationen gab und der Rücken nicht stabil blieb (durch die lange Schonphase), kam es hier zu Kompensationsbeschwerden. Dieses Mal nicht nur wieder im rechten Vorderbein. sondern auch im linken Sprunggelenk, welches mit stark anschwellenden „Gallen“ reagierte.
Heute wurde nur 1 Blutegel angesetzt, da die Behandlung nicht geplant war. Dieser setzte sich wieder direkt in die Nähe des Krongelenkes. „Donald“ lief ab diesem Zeitpunkt

vorne rechts beschwerdefrei und lahm frei. Es traten keine Beschwerden mehr an diesem Bein auf.

„Donald“ 2. Erfahrungsbericht

Alter:	11 Jahre (damals 9 Jahre alt)
Geschlecht:	Wallach
Rasse:	schweres deutsches Warmblut

Vorbefund:
Osteopathische Behandlung wegen Blockaden des Rückens. Gallenbildung im linken Sprunggelenk – wurde durch die Behandlung des Osteopathen besser – verschwand aber nicht vollends. Nach wiederkehrender Blockade im Rücken schwoll das Sprunggelenk stark an – außen wie innen! Der Wallach lief seit 3 Tagen nicht mehr klar. Besitzerin wünschte eine Blutegeltherapie.

01.12.2015
1. Blutegelbehandlung:
Es wurden 4 Blutegel außen direkt auf die stark angeschwollene Galle am Sprunggelenk gesetzt und 2 Blutegel innen. Schon nach kurzer Zeit hatten sie ihren Platz gefunden, am Übergang untere dritte Reihe des Sprunggelenkes (Übergang Calcaneus Talusrolle/Röhrbein). Der erste fiel nach schon ca. 30 Minuten ab. Alle Egel waren prall gefüllt.

Die Behandlung dauerte keine 60 Minuten.

02.12.2015

Das Sprunggelenk war komplett abgeschwollen. „Donald" wurde zusätzlich osteopathisch behandelt.

Das Sprunggelenkt wurde falsch belastet und konnte sich nun durch die Teamarbeit mehr und mehr beruhigen.

Es trat dann keine Schwellung mehr auf (Stand 06.01.2016). Die Behandlung war somit nach einer einmaligen Behandlung abgeschlossen.

„Flocke“

Alter:	14 Jahre
Geschlecht:	Stute
Rasse:	Araber-Mix (Reitpony)
Befund:	akuter Reheschub (Grad 1-2) beidseits
Tierarzt:	Ja

21.05.2016:
1. Blutegelbehandlung:
Es wurden vorne rechts 4 mittlere Blutegel - nach vorheriger Behandlung durch den Tierarzt mit Medikation und einer Woche Boxenruhe – angesetzt.
Es kam zu starken Nachblutungen.

25.05.2016:

2. Blutegelbehandlung:
Diese erfolgte vorne links mit 4 mittleren Blutegeln. Besserung nach der ersten Behandlung schon deutlich sichtbar – Boxenruhe und Futterreduktion.

26.06.2016:

3. Blutegelbehandlung
Vorne links wurden wegen einem 2. Reheschub ersten Grades 3 mittlere Blutegel angesetzt.

Es wurde beobachtet, dass die Farbe des Hufes (weißer Huf) sich jedes Mal nach der Blutegeltherapie veränderte – von gelb/braun auf hell/beige.

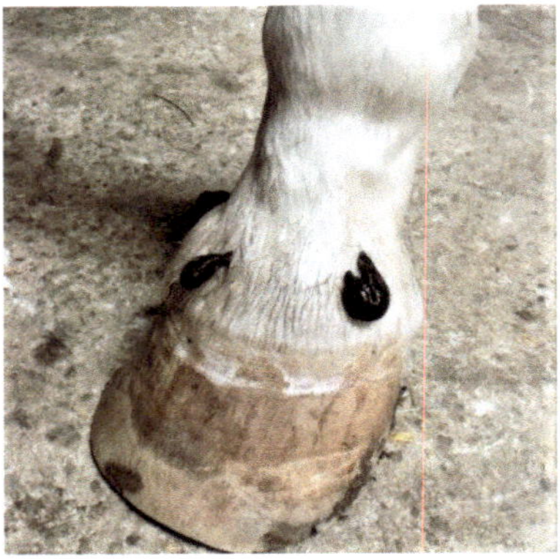

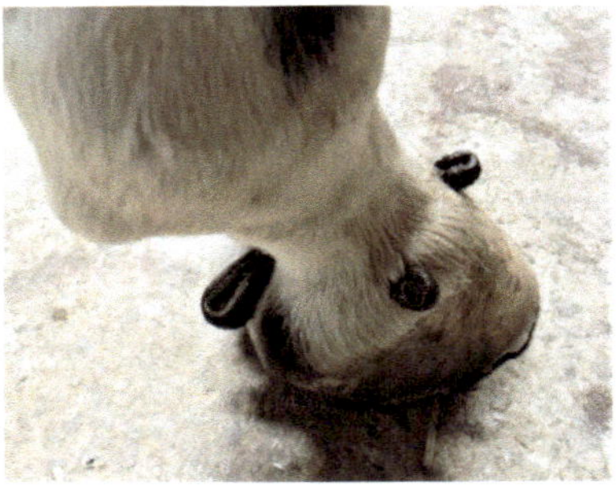

27.06.2016:

„Flocke" lief viel motivierter und es war eine deutliche Verbesserung des Laufens zu verzeichnen.

02.07.2016:

Nachbehandlung mit jeweils 2 Blutegeln vorne rechts + vorne links.
Sie hatte immer noch Boxenruhe und Futterreduktion.

„Flocke“ hatte stark abgenommen, was man sehr schön am Bewegungsablauf merkte. Sie konnte sich viel besser bewegen. Es war keine Lahmheit oder Entlastung mehr sichtbar.

16.07.2016:
Es war keine weitere Blutegelbehandlung mehr notwendig. „Flocke“ lief klar und wurde weiter aufgebaut.

„Gentle“

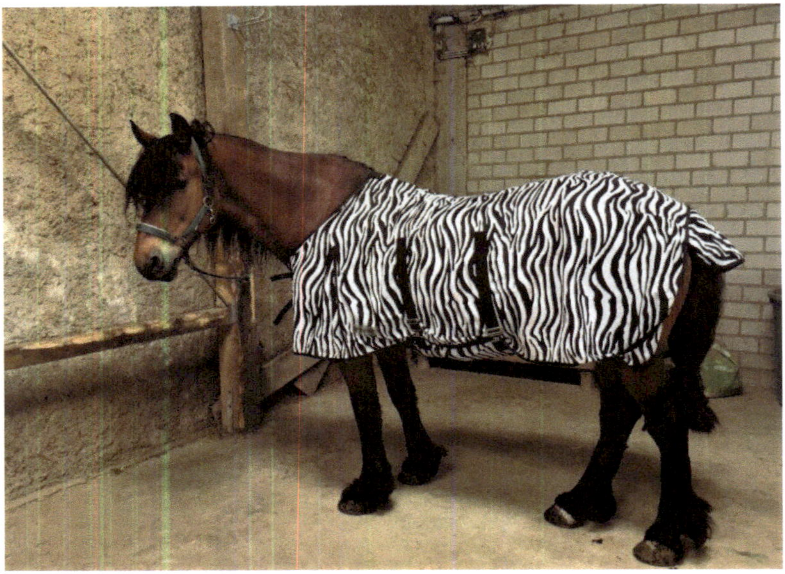

Alter:	11 Jahre
Geschlecht:	Wallach
Rasse:	Friesen-Mix
Vorbefund:	geschwollenes Sprunggelenk hinten links mit Verdacht auf Trittverletzung
Tierarzt:	Ja. März 2016/2x Gelenkpunktion
Tierklinik:	Ja. Mai 2016
Befund Tierklinik:	Innenband gerissen – OP Gelenk gespült 4 Wochen Boxenruhe

20.06.2016:
Bei der Nachkontrolle war die Schwellung immer noch sehr stark. Die Klinik riet dem Besitzer zu einer Cortisonbehandlung oder eine Blutegeltherapie machen zu lassen.

Die Besitzerin entschied sich für die Blutegeltherapie

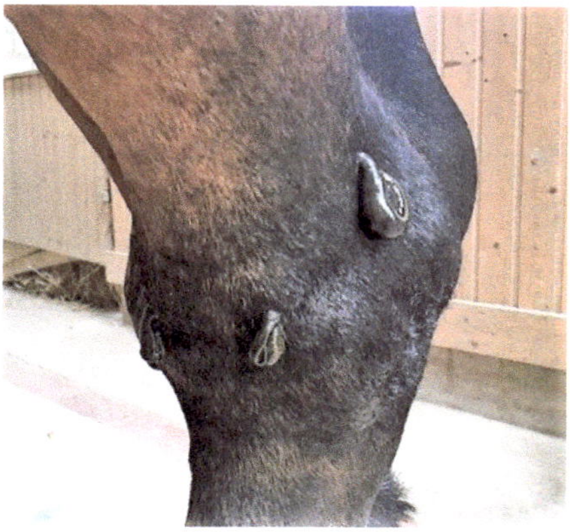

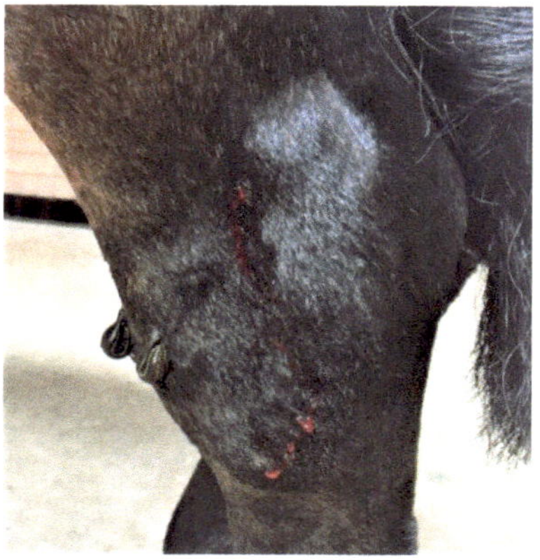

03.07.2016:

1. Blutegelbehandlung:

Es wurden hinten links am Sprunggelenk 6 mittelgroße Egel angesetzt.

06.07.2016:

Das Sprunggelenk reagierte erst nach 3 Tagen auf die Behandlung mit einem minimalen Rückgang der Schwellung. Es wurde eine 2. Therapie angeraten, wenn der Umfangsabbau zum Stillstand gekommen ist.

07.07.2016:

1. Messung:	Mitte Sprunggelenk	45cm
	Unterhalb Sprunggelenk	29 cm

08.07.2016:

2. Messung:	Mitte Sprunggelenk	44 cm
	Unterhalb Sprunggelenk	27 cm

09.07.2016:

3. Messung	Mitte Sprunggelenk	41 cm
	Unterhalb Sprunggelenk	27,8 cm
	(Die Schwellung rutschte nach unten)	

19.07.2016:
2. Blutegeltherapie:
Die mit 6 mittleren Egeln

15.08.2016:
Die Therapie wurde beendet.
„Gentle" lief im Training klar und hat keine Beschwerden mehr in seiner Bewegung.

„PT“

Alter/Geburtsdatum: 14.06.1998
Geschlecht: Stute
Rasse: Zweibrücker/Fuchs

Vorbefund:
Mit 7 Jahren (2005) erlitt sie einen Atlasbruch, der durch das Anschlagen an eine Metallschiene verursacht wurde.

Avulsionsfraktur (Abrissfraktur – dies ist ein Knochenbruch, bei dem ein Knochenfragment durch den starken Zug an einer im Knochen verankerten Sehne aus dem Knochen herausgerissen wird) und
Insertionsdesmopathie (krankhafte Veränderung im Ursprungs- oder Ansatzbereich von Sehnen, Bändern und Gelenkkapseln),
Ligamentum Nuchae (Nackenband) rechts.
Die Narkolepsie hatte im Jahre 2008/2009 begonnen. Man vermutete dahingehend, dass sie durch den Stress im alten Stall angefangen bzw. ausgelöst wurde.

Untersuchung:	medizinisch ist die Narkolespsie nie nachgewiesen worden. Wegen der Untersuchungsmethode hatte man hiervon abgesehen.
Diagnose:	Verdacht auf Narkolepsie. Nach der Umstellung in einen neuen Stall (Offenstall mit frei wählbarem Auslauf) wurde es besser.
Verlauf:	Als „PT“ in die Klinik musste trat die Narkolepsie massiv auf. Nach Aussage der Besitzer war Stress der Auslöser.
Tierarzt:	zum jetzigen Zeitpunkt: nein

Therapie und Verlauf:
13.02.2016:
1. Blutegelbehandlung:
Wir starteten den Versuch einer Blutegelbehandlung, um durch eine Durchblutungsverbesserung auch eine Verbesserung des Allgemeinbefindens des Pferdes zu erreichen.

Es war nach mehreren Versuchen nicht möglich, die Blutegel rechts und links am Occiput (Hinterhauptbein) anzusetzen.

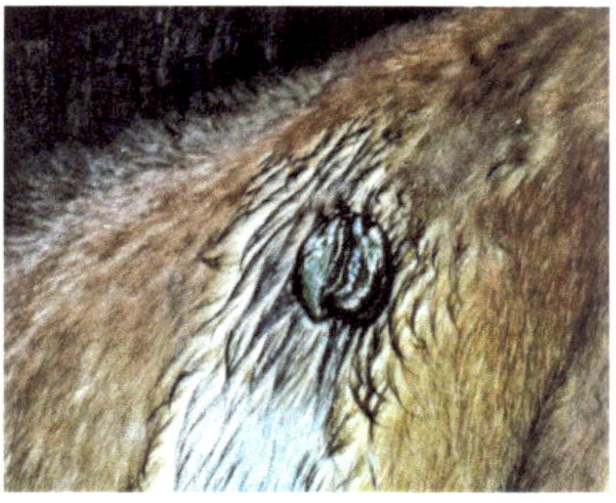

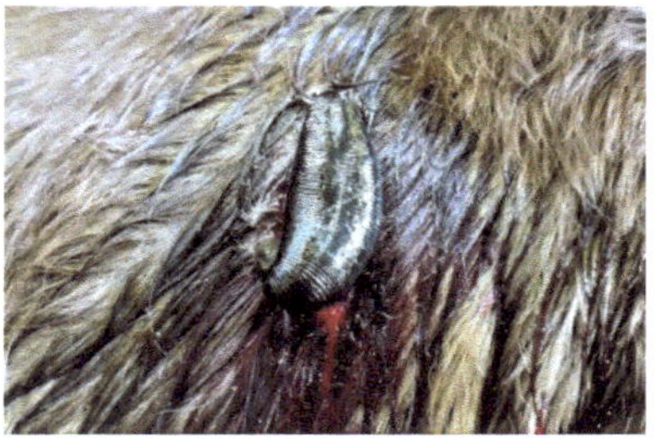

Die Blutegel hatten sich ihre Stelle selbst gesucht. Sie suchten sich ihren Platz direkt hinter dem rechten Atlasflügel und saugten ca. 2 Std. - es dauerte sehr lange. Interessant war, dass sie sich genau an die damalige Bruchstelle ansaugten. Die Besitzerin schaute an diesem Tag noch in ihre Unterlagen, was sich daraufhin bestätigte.

„PT" reagierte beim „Einspritzvorgang" des Blutegelsekretes mit Kopfschlagen. Anschließend fing sie an, in die absolute Entspannung zu gehen, mit Augenschließen, Gähnen, Flehmen und Kopf senken. Es ist zu betonen, dass es keine Anzeigen von einer Narkolepsie gab!

14.02.2016:
„PT“ hatte die Nacht über gelegen und geschlafen.
Das war, laut der Besitzerin, ein sehr gutes Zeichen. Hingelegt hatte sie sich bis zum damaligen Zeitpunkt so gut wie nicht mehr.

20.02.2016:
2. Blutegeltherapie:
Es wurden 2 mittlere Blutegel mit Hilfe von Hirutarget (Ansatzhilfe – Flüssigkeit der Bibertaler Blutegelapotheke als Alternative zum Lockblut) direkt rechts und links am Occiput angesetzt.
Der rechte Blutegel beruhigte das Pferd total.
„PT“ war ruhiger als beim ersten Mal.
Die Reitbeteiligung berichtet, dass „PT“ sich nun auch wieder besser am Schopf bürsten lässt.
„PT“ war so weggedöst wie noch nie (Augenzucken, Nüstern zucken, Ohrenspiel) während beide Egel noch saugten. Kurze Zeit danach fiel „PT“ in die Narkolepsie.

Die Besitzerin musste sie 2-3 Mal richtig an stupsen!
Hier ist besonders anzumerken: Es fand kein Ohrenspiel, kein Nasenzucken statt. Ein absolut starrer Gesichtsausdruck!
Als der rechte Egel abgefallen war wurde die Stute hellwach, blieb kaum stehen und war sehr aufmerksam.
Kein Schlafmodus mehr, keine Bedenken einer Narkolepsie!

Sowohl die Besitzerin als auch die Reitbeteiligung wollten jetzt ein Tagebuch führen.

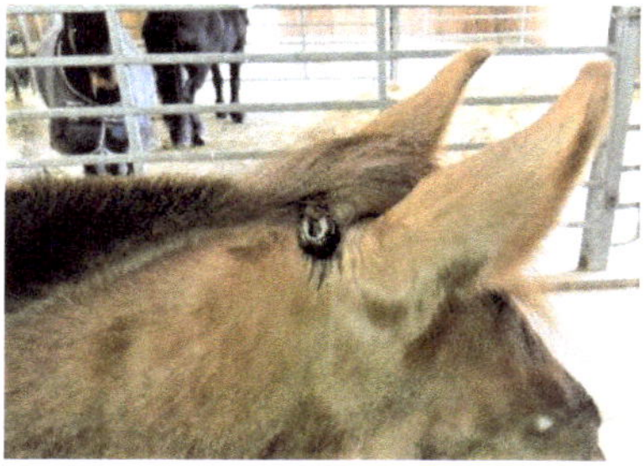 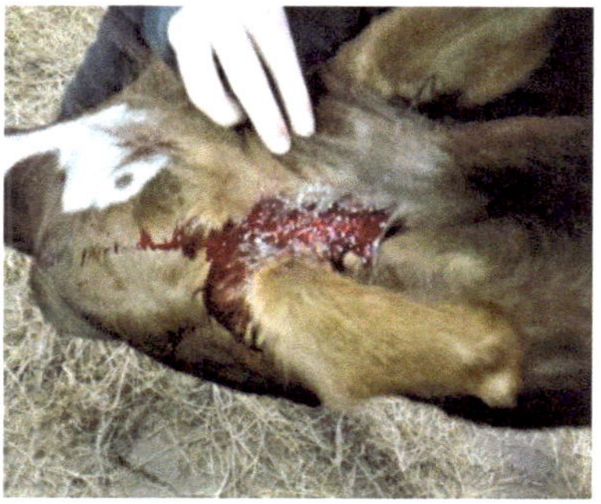

21.02.2016:
„PT“ hatte gelegen, Keine Anfälle beim Putzen und sehr gelassen beim Reiten.

22.02.2016:
Bei der Bodenarbeit war „PT“ aufmerksam und wälzte sich in der Halle.

24.02.2016:
„PT“ war sehr wach und aufmerksam/frech.

29.02.2016:
„PT“ stürzte schwer auf die rechte Schulter und zog sich dabei kleine Verletzungen an den Beinen zu. Sie hatte sich draußen erschreckt und war im „Stechgalopp“ in den Stall galoppiert. Dabei stürzte sie. Sie musste sich von der Wand weg und freistrampeln.
Außer ein paar Prellungen und Kratzer war der Stute nichts passiert.

Sie war munter und es kam zu keinen Narkolepsie-Anfällen.

Auffällig war auch hier, dass noch nicht einmal ein Kopfschlagen stattgefunden hatte, obwohl durch des Vorberichts damit zu rechnen war!

Bisher trat keine Narkolepsie mehr auf. Trotz Sturz trafen keine Beeinträchtigungen beim Reiten ein. Auch kein Kopfschlagen.

03.03.2016:
„PT" legte sich fast täglich hin, stand beim Putzen auf und war aufmerksam am Putzplatz. Sie fiel nicht mehr in die Narkolepsie. Somit war sie immer ansprechbar.

04.03.2016:
„PT" stand lange auf der Stallgasse. Geht nicht in die Narkolepsie.

05. – 08.03.2016:
„PT" legte sich fast täglich hin.

09.03.2016:
Trotz langem Warten war „PT" sehr munter und fielt nicht mehr in die Narkolepsie.

13.03.2016:
Es fand ein Gespräch mit der Besitzerin statt.
Die Wirkung der Blutegel hatte zu einem guten Ergebnis geführt: „PT" lag jetzt **jeden** Tag.

Seit der letzten Behandlung hatte sie **keinen** Narkolepsie-Anfall mehr gehabt.

- Beim Reiten ist sie viel aufmerksamer
- Stellt sich beim Reiten von alleine an den Zügel – was vorher nicht möglich war
- Wurde frecher und flotter
- Ist allgemein viel aufmerksamer

Die Besitzerin und ich waren total begeistert, wie sich das Pferd zum positiven entwickelt hatte.
Bisher war noch keine weitere Behandlung angesetzt. Dies wurde zeitnah bei Bedarf entschieden. Sobald die Stute wieder Anzeichen einer Verschlechterung zeigen würde, wird erneut eine Blutegelbehandlung durchgeführt.

16.03.2016:
Schmied-Termin!
Trotz des Stresses und der Mühe ihre Beine lange oben zu halten, schlief PT nicht ein. Auch dass sie ca. 1 Stunde warten musste, veranlasste sie nicht in die Narkolepsie zu verfallen.
„PT“ ist aufmerksam und munter.

20.03.2016:
Longieren auf dem Außenplatz.
„PT“ war frech und widersetzlich. Hierbei schaukelte sie stark mit dem Kopf, was einen Schmerz im Genick vermuten lässt.

21.03.2016

Sie hatte das erste Mal wieder mit dem Kopf geschüttelt. Dieser Reaktion sind wir erst einmal nicht nachgegangen, da sie ansonsten einen sehr fitten Eindruck macht. Eine Blutegeltherapie wurde vorerst nicht vereinbart.

23.03.2016:

PT ist leider zwischen dem 22.03 und 23.03. erneut in die Narkolepsie gefallen. Das zeigte sich an einer Wunde am linken Karpalgelenk. Sie legte sich auch nicht mehr hin. Sonst ist sie munter und zeigte keine weiteren Anfälle.

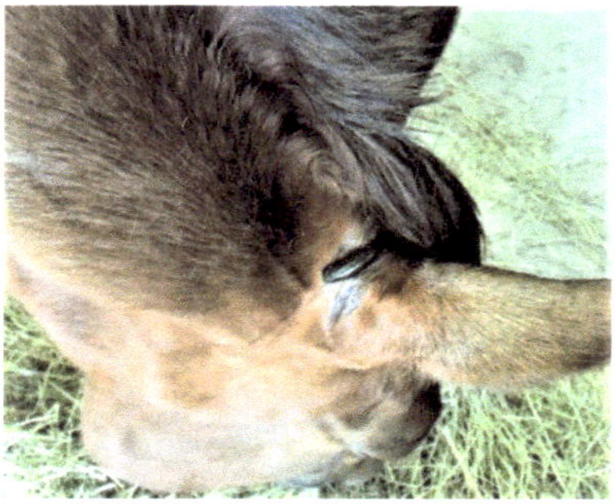

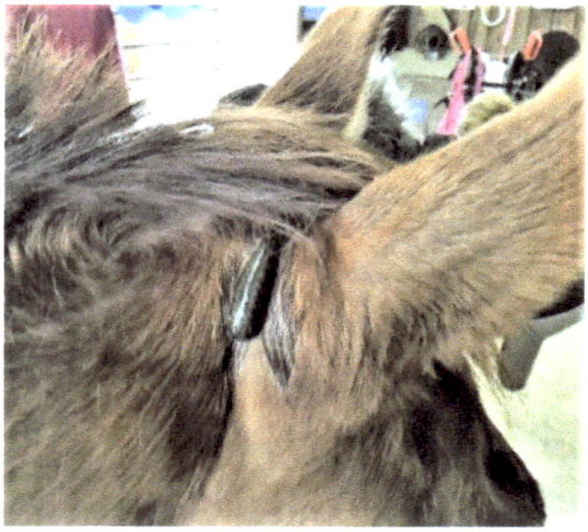

25.03.2016:

Es wurden 2 mittlere Egel wieder direkt links und rechts neben den Schopf ans Occiput gesetzt. Der linke Egel fiel nach 30 Minuten relativ schnell ab. Der rechte Egel saugte ca. 1 Std. 20 Min. In der letzten ¼ Std. des Saugens und nach dem Abfallen der Egel wurde die Stute wieder sehr ruhig und entspannt.

Als der rechte Egel dann abgefallen war – fiel sie wieder ansatzweise in die Narkolepsie. Danach war sie sehr entspannt. Der Entspannungszustand dauerte ca. 15 – 20 Min. Danach wurde sie wacher.

Die Blutung war diesmal auch nicht so stark wie beim letzten Mal. Nach 20 Min. fing sie auch wieder an zu fressen und war wieder voll da!

26.03.2016:
„PT“ hatte sich am Anbinde Haken „auf gehangen“.

27.03.2016:
Erfreulicherweise gab es keine negative Nachwirkung!

04.04. – 10.04.2016:
Keine Anzeichen von Narkolepsie.
„PT“ war lediglich müde, was durchaus mit dem Fellwechsel und der Witterung zusammen hängen konnte.

Sie stolperte vermehrt mit dem rechten Vorderbein. Am 04.04. fällt „PT“ aus nicht erkennbaren Gründen beim Führen fast hin.

14.04.2016:
„PT“ fiel vom 13.04. auf den 14.04. auf die Karpalgelenke und Fesselgelenke. Das Karpalgelenk links hatte eine kleine Wunde. Beide Fesselgelenke waren offen und stark verkrustet. Am Putzplatz wirkte sie seit einigen Tagen müde, war aber ansprechbar und fiel nicht in die Narkolepsie.

17.04.2016:
Keine weiteren Anzeichen eines Sturzes. Beim Putzen keinerlei Anzeichen. Im Gelände war sie sehr willig.

20.04.2016:
PT hatte sich im Sand gewälzt. Keine Anzeichen von Narkolepsie.

28.04.2016:
Bis heute keine weiteren Vorkommnisse, keine Verletzungen, keine Anfälle.

16.07.2016:
Keine Vorkommnisse, keine Verletzungen und auch keine Anfälle mehr.

26.09.2016:
Es wurde wegen einem erneuten Narkolepsieanfall eine Blutegeltherapie eingeleitet und wieder 2 mittlere Blutegel am Occiput angesetzt.
„PT“ hatte Stress, weil die Herde getrennt wurde. Die Weide wurde geschlossen.

29.12.2016:
Dieses Mal wurde eine Blutegeltherapie mit nur 1 mittleren Blutegel durchgeführt, da rechts kein Egel beißen wollte. Es wurde nur links am Occiput geegelt.
Im März 2017 gab es keine neuen Vorkommnisse, keine Verletzungen und keine Anfälle mehr.

„Wendy“

Alter:	15 Jahre
Geschlecht:	Stute
Rasse:	Shetty-Pony mit
Befund:	akuter hochgradiger Rehe-schub
Tierarzt:	nein

Therapie und Verlauf:
Bei Wendy wurde auf Wunsch der Besitzerin nur eine einmalige Blutegelbehandlung vorne rechts durchgeführt.
Die Pony-Stute lief nach der Behandlung um 100 % besser!

Die Besitzerin verhinderte weitere Reheschübe durch kontrollierten Weidegang und kontrollierter Futtergabe.

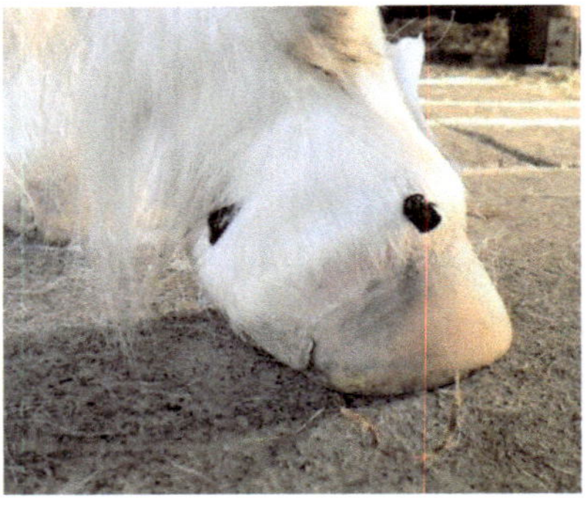

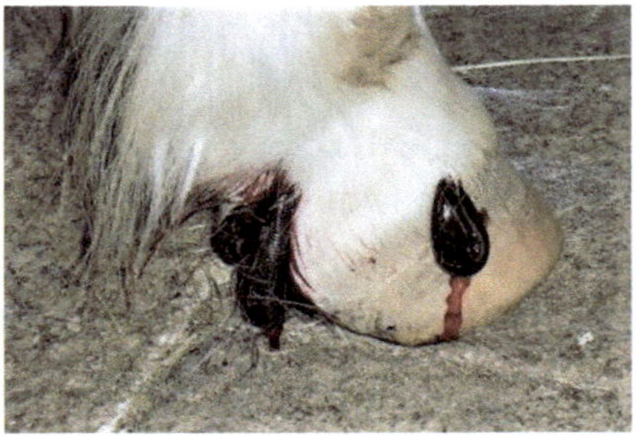

Erfahrungsbericht eines Kundenpferdes:

Das Pferd wurde mir aufgrund einer vorausgegangenen Arthroskopie (vor 6 Monaten) beidseits an den Fesselköpfen vorgestellt. Der linke Fesselkopf schwoll nach dem Reiten immer wieder an.

Es wurde vom behandelnden Osteopathen eine Blutegeltherapie vorgeschlagen.

Mein Plan war, 4-5 Egel genau mittig auf dem Fesselkopf zu platzieren, da sich dort die Schwellung befand und dieser auch warm war.

Die Blutegel hatten jedoch ihren eigenen Plan. 2 von ihnen setzten sich am äußeren Rand des Fesselkopfes und verrichteten dort ihre Arbeit.

Es wurde sich darauf geeinigt, dass das Pferd am nächsten Tag Pause hat – dann wieder geritten wird und ich eine Info über den Zustand bekomme. Wir dann entscheiden würden, wann und ob noch einmal geegelt werden sollte.

Trotz alledem schaute ich in meinen Anatomiebüchern nach und fand heraus, dass die Schwellung genau an dem Punkt war, an der die Strecksehen über einen Schleimbeutel geleitet wurden.

Ich setzte mich telefonisch mit der Besitzerin in Verbindung. Sie sollte dies bitte in der Klinik abklären lassen, da das Reiten in diesem Fall absolut kontraindiziert ist.
Das Pferd hatte 2 Tage später einen Termin in der Klinik.

Es wurde herausgefunden, dass es nicht der Schleimbeutel war. Folglich waren es die „Löcher" der Arthroskopie, die sich nicht selbstständig verschlossen hatten und somit immer wieder Flüssigkeit entweichen konnte, womit das Gelenk gefüllt wurde.

Wie sich im Gespräch herauskristallisierte, hatten sich die Egel genau an einem Loch angesaugt und ihre Arbeit verrichtet.

Das Pferd musste wieder operiert werden, damit die Löcher geschlossen werden konnten.

Eine Blutegeltherapie war bis dato nicht mehr notwendig.

Vita

1968 bin ich im schönen Rheinland geboren. Mit der Ausbildung als Arzthelferin hatte ich schon die ersten Berührungspunkte in der Medizin. Nach Abschluss meiner Lehre sammelte ich Erfahrungen in einer Tierarztpraxis als Tierarzthelferin.

Etwas untypisch stieg ich 1994 als Nebeneinsteiger in die KfW-Bankengruppe ein. Hier konnte ich mich bis zur Gruppenkoordinatorin entwickeln. Inzwischen organisiere und disponiere ich mit bis zu 20 Mitarbeitern.

Wie die Zeit vergeht!
Inzwischen besitze ich seit mittlerweile 30 Jahren eigene Pferde. Meine Begeisterung lag im Dressurreiten, welches ich dann auch bis in die höheren Klassen geritten bin.

Durch einen Umbruch wurde ich gezwungen – gerade auch durch das falsche Bereiten meines Pferdemädels „Djeanne D'Arc“ („Josy“), mal einen Blick über den „Tellerrand“ zu schauen. Heute bin ich sehr froh und dankbar dafür, denn dadurch erfolgte eine Umstellung - auf Legerete.

Im Jahr 2013 hatte ich die Ausbildung als osteopathische Pferdetherapeutin nach Welter-Böller abgeschlossen und bin seit 2015 als Blutegeltherapeutin nach IGBT e.V. tätig.

Mehrere Workshops und Fortbildungen in Behandlungsarten und im Verhalten der Pferde habe ich bisher absolviert, um das Individuum Pferd noch besser verstehen zu können.

Hierzu gehörte unter anderem der 1. Studiengang in der APM nach Penzel am Pferd, Horsemanshipkurse und nicht zu vergessen einer der interessantesten Workshops, die ich bisher erfahren durfte: ESSE (Engergetic Synthesis of Sructural Embodiment) mit Suzy Godsey.

Seda, meine geliebte Hündin

Literaturhinweise

Ausbildungsunterlagen der Fachschulde für Osteopathische Pferde- und Hundetherapie Barbara Welter-Böller. (Ausbildungsende 26.10.2014)

Seminarunterlagen „Blutegeltherapie“ von Karla Moser, Heilpraktikerin www.naturheilpraxis-moser.de

„So hilft Ihnen die Blutegel-Therapie“, Patientenratgeber von Dr. med. Claudia Moser & Karla Moser, 2. Ausgabe,)
ISBN-10: 3946414001
AnamCaraHaus von Asenhain Verlag www.anamcara.haus
Dezember 2015

„Die Blutegelbehandlung“ Ein vielseitiges Verfahren der Biologischen Medizin 3. unveränderte Auflage von Heinz Bottenberg
ISBN-10: 777306258
Verlag: Hippokrates-Verlag (Dezember 1994)

„Die Blutegeltherapie – Wissenswertes für Patienten zur Hirudotherapie“ von Dominique Kaehler Schweizer & Magdalene Westendorff
ISBN-10: 3955820645
Verlag: Narayana (1. Oktober 2014)

„Hirudotherapie – Ein Handbuch der Blutegel-Therapie“ von Dominique Kaehler Schweizer & Magdalene Westendorff
ISBN-10: 3952414115
Verlag: Belisana (19. Juni 2013)
„Blutegeltherapie am Tier, Biologie – Anwendung Wirkung“ von Tina Werner

ISBN-10: 3886279073
Verlag: Oertel & Spörer (5. Mai 2011)

„Blutegeltherapie bei Tieren – Methodik, Indikationen und Fallbeispiele“ 4. Erweiterte Auflage von Anke Henne
ISBN-10: 3941706284
Verlag: Narayana (Februar 2014)

„Osteopathie beim Pferd“ von Dr. Dominique Giniaux
Pferde-Osteopathie
ISBN-10: 3830410131
Verlag: Karl F. Haug Fachbuchverlag (20. Februar 2002)

„Pferde-Osteopathie: Parietale, fasziale und kraniosakrale Therapie“ 3. Überarbeitete Auflage von Brigitte und Walter Salomon
ISBN-10: 3830494084
Verlag: Sonntag (16. Juli 2014)

Seminarunterlagen „Stresspunkte“ Gitte Soeby (Dozentin, osteopathische Pferdetherapie-Schule Welter-Böller, Director – The Danish Equine Academy)

Ein kürzlich erschienener interessanter Artikel zur medizinischen Bedeutung der Akupunktur ist in dieser Diskussion erschienen. (Lehmann, Hanjo, Süddeutsche Zeitung 186 vom 14./15. August 2010, Seite 20., Anhang*).

Schaubilderset Hirudopunktur von Fr. Dr. vet. Susanne Hauswirth
ISBN-10: 3943446042
Verlag: Phoenix und Drache (19. Dezember 2014)

„Wissen kompakt – Akupunktur Pferd" von Fr. Dr. vet. Susanne Hauswirth
ISBN 97-3-943116-01-4
Verlag: Phoenix und Drache (5. April 2012)

„ABC of the Horse" von Pauli Grönberg
ISBN-10: 9549874429
Verlag: Pg Team Oy (2013)

„Atlas der Anatomie des Pferdes" Klaus-Dieter Budras
ISBN-10: 3899930894
Verlag: Schlütersche (31.Oktober 2013)

„Praxisorientierte Anatomie und Propädeutik des Pferdes" Horst Wissdorf, Hartmut Gerhards, Bernhard Huskamp, Eckehard Deegen
ISBN10: 3794402621
Verlag: Schaper (25. Juni 2010)

„Anatomie, Gymnastizierung, Muskelaufbau" Gillian Higgins
ISBN-10:3777306258
Verlag Franckh Kosmos Verlag (7. Juli 2014)

„Anatomie verstehen, besser reiten" Gillian Higgins
ISBN-10:3440121852
Verlag: Franckh Kosmos Verlag (9. Juni 2010)

„Anatomie verstehen, Die Organe des Pferdes“ Gillian Higgins
ISBN-10:3440131262
Verlag: Franckh Kosmos Verlag (6. Februar 2013)

„Manuelle Pferdetherapie: das Praxisbuch – Osteopathie-Physiotherapie“ Renate Ettl
ISBN-10:3132402842
Verlag: Sonntag (12.07.2017)

„Physiotherapie und Massage bei Pferden“ Jean M. Denoix
ISBN-10:3800174944
Verlag Eugen Ulmer (1. Mai 2000)

„Stresspunktmassage nach Jack Meagher“ Claus Teslau
ISBN-10:3275019686
Verlag: Müller Rüschlikon (27. März 2014)

„Biomechanik und Physiotherapie für Pferde“ Helle Katrine Kleve
ISBN-10:3885427346
Verlag: FN-Verlag (6. Mai 2009)

„Einführung in das Kinesiologische Taping bei Pferden“ Carolin Caprano
ISBN-10:3981538803
Verlag: K-Active Europe (18. Februar 2013)

„Anatomie der Haussäugetiere“ Lehrbuch und Farbatlas für Studium und Praxis Vet-Anatomie online: die Bilddatenbank mit dem Plus Horst E. König, Hans G. Liebich

ISBN-10: 3794529847
Verlag: Schattauer GmbH (30. September 2014)

„Atlas der topografischen Anatomie der Haustiere“ Peter Popesko
ISBN-10:3830410689
Verlag: Enke (09. Mai 2007)

Nesemann, H. & Neubert, E. (1999): Annelida, Clitellata: Branchiobdellida, Acanthobdellea, Hirudinea. – Heidelberg (Spektrum Akademischer Verlag) –Süßwasserfauna von Mitteleuropa 6/2, 178 S.
ISBN-10:3827409276
Verlag: Spektrum Akademischer Verlag (23.September 1999)

Biebertaler Blutegelzucht – www.blutegel.de

- Infomaterial über die Blutegelbehandlung in Tier- und Humanbereich
- Infomaterial über die Erstellung von Vorträgen über die Blutegeltherapie

Internationale Gesellschaft für Blutegeltherapie (IGBT)
www.blutegel-online.de

- Alles über die Blutegel und Therapie mit Blutegeln

Wikipedia
DocCheckFlexikon